第1名業務養成術

成為業務神人的10大關鍵

行銷管理專業顧問 **楊智翔** 著

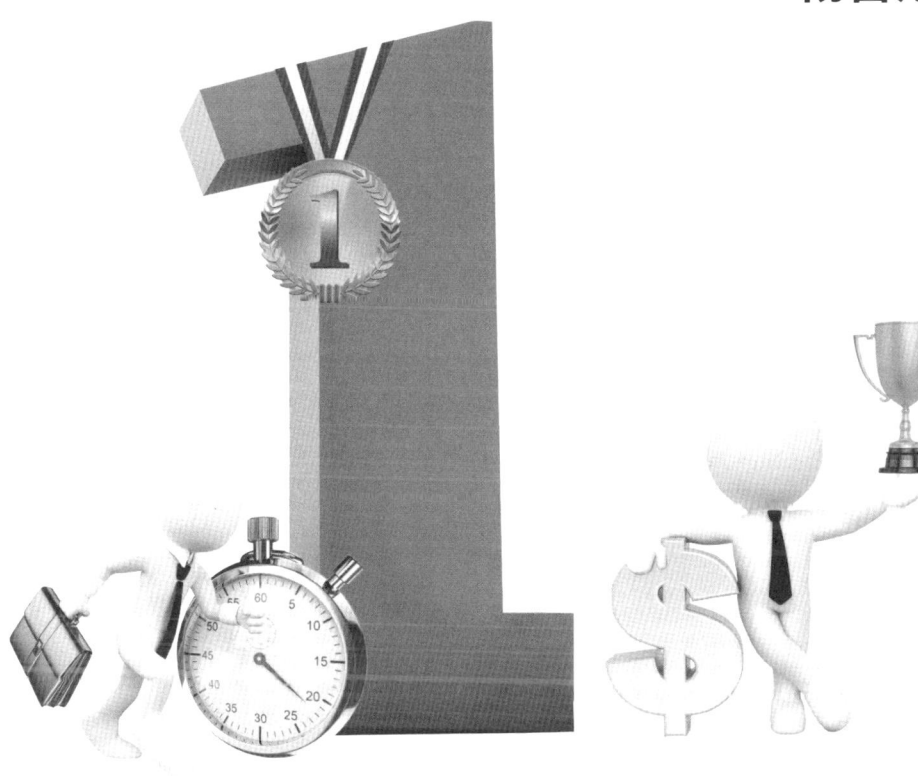

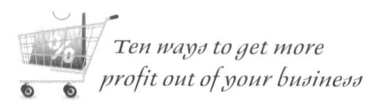

【前言】

頂尖是你必然的結果

　　一般人對業務員多多少少都抱持著負面看法，殊不知現今有很多大老闆都是以業務出身。全世界有七成以上的企業家，都是從業務員開始做起，像賈伯斯、比爾‧蓋茲、松下新之助、李嘉誠、柳井正、王永慶⋯⋯等，他們雖然皆自行創業做老闆，但各個身兼業務一職，為自己的公司、產品推銷，努力苦幹實幹，才能擁有現在不得了的成就。

　　而這些成功的企業家中，作者相當推崇賈伯斯，他不只是一位成功企業家，更是名優秀的業務員，極具天賦且業績超群，網路上流傳著一句話：「三顆蘋果改變了全世界，第一顆誘惑了夏娃；第二顆砸醒了牛頓；第三顆由史帝夫‧賈伯斯掌握。」（Three Apples changes the world. The first one seduced Eve. The second one awakened Newtown. The third one was in the hands of Steve Jobs.）

　　這句話傳達了人們對已逝天才賈伯斯最深切的肯定，賈伯斯生前作為蘋果公司的前 CEO，頭上有著許多光環：發明家、企業家、救世主、電腦狂人，甚至還有個頭銜是「天才業務員」！他的成功並非一蹴而就，他也多次遭遇低谷、感到迷惘，但他並沒有被擊倒，反而潛心學習、經營自己，使蘋果公司得以成為世界前十強企業，值得每位業務員借鏡、學習。

1972 年，賈伯斯進入美國里德學院（Reed College）就讀，但只讀了一學期便厭倦了大學課程，認為大學如此昂貴，卻學不到什麼，因而毅然決然地休學，跟當初在高中透過朋友認識的史蒂芬‧沃茲尼亞克（Stephen Wozniak）一同創業，於 1976 年合夥創立了蘋果公司。

創業那年，賈伯斯只有二十一歲，他將自己定位為業務員，而他也確實將自己的業務能力發揮得淋漓盡致，無論是和客戶交談還是產品發表會，甚至是到大學演講，賈伯斯只要開口，就極具魅力及吸引力；說他是蘋果公司的總裁，倒不如說他是名霸氣十足的銷售代表，媒體也稱：「比起 iPhone，賈伯斯能把舊的說成新的，再銷售給消費者的能力更可怕。」

業務是一個門檻低、極易入門，卻充滿挑戰性的工作，據人力銀行統計，每一百個就業機會中，就有二十個職缺為業務員，但每一百名求職者中，卻只有八個人願意做業務。這是為什麼？因為市場上同質性商品越來越多，產品外表、功能、價錢的差異也都不大；而商品的選擇變多，命中的機率自然相對降低，遇到上述情況，業務老鳥肯定會搬出業務鐵律：「再衝！要不然，便宜賣給他！」但橫衝亂撞的結果，往往落得無功而返，降價求售，只怕最後連溫飽都難。

為什麼業務員始終不能突破限制，創造超強業績呢？通常，業務員都缺乏「實現自我、推銷自我、征服他人」的業務力，既不懂防禦，又不積極進攻，那業績肯定是慘不忍睹。而銷售不只是販賣產品或服務，更是人與人接觸的過程，顧客的拒絕，或許並非因為你的產品或服務不好，問題可能出在你個人身上。

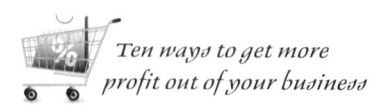

美國心理學教授羅賓‧科瓦斯基（RobinKowalski）說：「真正的關鍵在於感受，如果在互動的過程中，讓人感到絲毫不舒服，再好的產品也賣不出去。」因此，你與競爭者最大的差異，不單純是你的產品或服務，而是你能否與消費者建立更深一層的關係。

有時候，你可能會認為那些超群的業務員，他們締造的佳績，都是靠豐富的實戰經驗取得，但只要深入剖析，你會發現，他們的個人特質及工作習慣是一般人所不能及。好的特質與工作習慣是成功的基礎，再加上實戰磨練，才能將自己推上頂峰；所以，若想讓銷售有所突破，你就要改變原先的銷售模式和方法，全面提升自己的能力，想辦法與客戶拉近關係。

近幾年，作者都在兩岸三地及東南亞的華人地區培訓與演講，接觸各形各色的業務員，因而特地為那些對銷售、業務有興趣的讀者，總結了成為超級業務應學習的十大關鍵，其中包括：心理素質、職業形象、口才技能、開發客戶、產品介紹、消除異議、談判成交、回收帳款、管理能力、職涯規劃；只要學完這十堂課，相信你絕對能成為一名優秀的業務員，業績冠軍非你莫屬！

本書承接了作者一貫奉行的「實用」風格，用簡單的技巧告訴讀者用對的方法做銷售。以「實戰技巧」貫穿全書，為讀者們提供簡單實用、操作性極強的銷售技巧，在工作中隨手拈來，做到成竹在胸。除此之外，本書還具備以下特色單元：

★ 每一章開頭皆設計「銷售諮詢室」單元。並特別邀請到業務界神人Dr. Wang提供他與學員往來的信件，點出大多數人常遇到的問題，透過

問答的方式來解析，帶出業務員必學的十堂關鍵課程，內容貼近生活，易於理解，更能激發共鳴。

★ 內文中也穿插設計了「成交必殺技」單元，提供各式銷售重點及技巧，從基本功到進階行銷方法應有盡有，讓讀者可立即練習與應用。

★ 每堂課結尾更設計了「銷售充電站」和「銷售加分題」兩單元。「銷售充電站」主要收錄自我檢測及時下業務員最關心的問題，並針對問題一一解答；「銷售加分題」則精選出作者在培訓中遇到的成功案例，讓讀者深刻領悟超級業務員究竟是如何練成。

想成為超級業務員的你，本書手把手教你如何做好基本功，遣辭用句及案例都通俗易懂、內容面面俱到，無論是剛入門、經驗不足，希望能提升業績的菜鳥業務，還是在銷售領域闖盪多年的業務老手，亦或是想帶領好一支卓越團隊的銷售經理，本書都是實用性和指導性極高的訓練手冊。

業務生涯長遠來看，成交只是起步，創造良好的客戶關係才是業務命脈的延續；對於已成交的客戶，若能秉持著成交前的熱情與為客戶解決問題的積極態度，並大量地在市場銷售做出高額活動量，那頂尖就是你必然的結果。相信這本書能讓你的專業素質和銷售技巧得到全面升級，成為一名名副其實、出色的業務員，更成為一位超級業務王！

Ten ways to get more profit out of your business

Lesson 1 心理素質——
最棒的業務員都有一顆積極、敢衝的心

銷售諮詢室 我喜歡銷售，父母卻不支持，我該怎麼辦？ ……… 012

- **1-1** 每位業務員都應該以自己的職業為榮 ……… 015
- **1-2** 業務必備的四種心態，讓客戶拒絕不了你 ……… 019
- **1-3** 不慌亂、不著急、能堅持，業務路才走得久 ……… 024
- **1-4** 克服恐懼，你就成功了一半 ……… 029
- **1-5** 性格內向的人，適合做業務員嗎？ ……… 033

★ 銷售加分題 ▶ 新世代業務員的能力測試與解析 ……… 037
★ 銷售充電站 ▶ 從業務菜鳥到年薪百萬 ……… 044

Lesson 2 職業形象——
重視業務員該有的形象

銷售諮詢室 我刻意打造形象，為何仍無法給客戶留下好印象？ … 050

- **2-1** 穿著、打扮，是你的第一張名片 ……… 053
- **2-2** 95％的第一印象透過儀表建立 ……… 058
- **2-3** 肢體語言勝過一切 ……… 062
- **2-4** 禮貌好、談吐佳，拉近彼此間的距離 ……… 067
- **2-5** 打造超強磁場，讓對方主動與你靠近 ……… 071

★ 銷售加分題 ▶ 應徵業務最常見的二十道面試題 ……… 075
★ 銷售充電站 ▶ 用形象打造出來的銷售冠軍 ……… 081

Lesson 3 口才技能——
磨練口才，提升業務力

銷售諮詢室 認口才不凡，為什麼業績拿不到第一 ……… 086

- **3-1** 業務第一步，練就銷售口才基本功 ……… 089
- **3-2** 學會傾聽，讓客戶對你卸下心防 ……… 094
- **3-3** 專業 vs. 非專業，該如何拿捏？ ……… 098
- **3-4** 見什麼客戶說什麼話，掌握對方的語言 ……… 102
- **3-5** 會問會聽，讓溝通更順暢 ……… 108

★ 銷售加分題▶銷售大師的二十句名言金句 ……… 113
★ 銷售充電站▶「會聽、會問」的保險業務員 ……… 116

Lesson 4 主動出擊
你選對目標客戶了嗎？

銷售諮詢室 做業務，我有很多想法，為什麼卻屢遭批評？ ……… 122

- **4-1** 做好充分準備，順利約見客戶 ……… 125
- **4-2** 第一印象，讓你成功上壘 ……… 131
- **4-3** 有效開發客戶的六種方法 ……… 135
- **4-4** 接觸客戶有什麼細節要注意？ ……… 139

★ 銷售加分題▶客戶拒絕的十大藉口及應對方法 ……… 143
★ 銷售充電站▶找到目標客戶，擁有更多成交機會 ……… 152

Lesson 5 產品介紹——
瞬間激起客戶的興趣

銷售諮詢室 大訂單搞不定，小訂單又不盡理想，我該怎麼辦？ ⋯⋯ 158

- **5-1** 先交朋友，再談銷售 ⋯⋯⋯⋯⋯⋯⋯⋯⋯⋯⋯⋯⋯⋯ 161
- **5-2** 為產品準備一套有效說詞 ⋯⋯⋯⋯⋯⋯⋯⋯⋯⋯⋯ 165
- **5-3** 說得動聽，說得有序，有步驟地進行產品介紹 ⋯⋯ 169
- **5-4** 用賣點征服客戶心理 ⋯⋯⋯⋯⋯⋯⋯⋯⋯⋯⋯⋯⋯ 193
- **5-5** 適時地暴露一點點真實 ⋯⋯⋯⋯⋯⋯⋯⋯⋯⋯⋯⋯ 196

★ 銷售加分題▶業務員最容易犯的二十個錯誤 ⋯⋯⋯⋯⋯ 180
★ 銷售充電站▶輸掉訂單不打緊，重點在於贏得客戶的心 ⋯⋯ 187

Lesson 6 消除異議——
將不可能變為可能

銷售諮詢室 客戶有意購買，我該不該降價？ ⋯⋯⋯⋯⋯⋯ 194

- **6-1** 弄清異議產生的原因 ⋯⋯⋯⋯⋯⋯⋯⋯⋯⋯⋯⋯⋯ 199
- **6-2** 判斷客戶的異議是真是假 ⋯⋯⋯⋯⋯⋯⋯⋯⋯⋯⋯ 200
- **6-3** 有異議就有機會，排除狀況的標準原則 ⋯⋯⋯⋯⋯ 204
- **6-4** 有效處理異議的八種方法 ⋯⋯⋯⋯⋯⋯⋯⋯⋯⋯⋯ 212

★ 銷售加分題▶各種招聘管道的特點分析 ⋯⋯⋯⋯⋯⋯⋯ 217
★ 銷售充電站▶用「真誠」贏得訂單 ⋯⋯⋯⋯⋯⋯⋯⋯⋯ 219

Contents

Lesson 7 談判成交──
找出雙贏，各取所需

| 銷售諮詢室 | 大單當前，是要向「錢」看？還是問心無愧就好？ | 226 |

- **7-1** 摸清客戶心理，找出成交關鍵 …… 229
- **7-2** 如何應對客戶的討價還價？ …… 234
- **7-3** 識別購買訊號，抓住成交暗示 …… 238
- **7-4** 掌握客戶內心的五種成交心法 …… 241
- **7-5** 成交後的服務才是關鍵 …… 246

★ 銷售加分題▶業務員談判能力自我檢測表 …… 250
★ 銷售充電站▶讓客戶滿意，成為超級業務！ …… 260

Lesson 8 回收帳款──
守好最後一道關卡

| 銷售諮詢室 | 年資十年，為何我還是業務專員？ | 266 |

- **8-1** 做好客戶考核，防範拖款欠帳 …… 271
- **8-2** 掌握要領，催款不再得罪人 …… 276
- **8-3** 關注時效性，提升收款效率 …… 277
- **8-4** 主動請款的注意事項 …… 283
- **8-5** 妙用借力，順利收回款項 …… 287

★ 銷售加分題▶說服客戶最有效的二十個黃金法則 …… 291
★ 銷售充電站▶在客戶落跑前結清帳款 …… 293

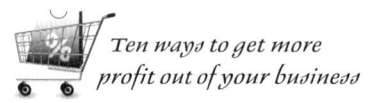

Lesson 9 管理能力——
業績是「管理」出來的

| 銷售諮詢室 | 碰上慣老闆，我該怎麼辦？ | 300 |

- **9-1** 情緒管理：我的情緒我做主 … 304
- **9-2** 時間管理：充分利用時間 … 308
- **9-3** 目標管理：預見你未來的業績 … 312
- **9-4** 客戶管理：抓住客戶的心 … 316
- **9-5** 進度管理：按部就班完成任務 … 320

★ 銷售加分題 ▶ 客戶檔案表 … 324
★ 銷售充電站 ▶ 多負責一點，成功就多一點 … 325

Lesson 10 職涯規劃——
將業務力轉化為事業資本

| 銷售諮詢室 | 不知道未來的路在哪裡？ | 332

- **10-1** 業務是機會與壓力並存的職業 … 336
- **10-2** 職涯規劃，立足在自我了解與學習 … 340
- **10-3** 你的下一步怎麼走？畫出發展路線圖 … 344
- **10-4** 事業危機，你的瓶頸是真是假？ … 348
- **10-5** 越跳路越廣，讓每次跳槽都有價值 … 352

★ 銷售加分題 ▶ 提升業績的黃金法則 … 356
★ 銷售充電站 ▶ 十年，從業務員做到老闆 … 360

Lesson 1

心理素質

Ten ways to get more profit out of your business

最棒的業務員都有一顆
積極、敢衝的心

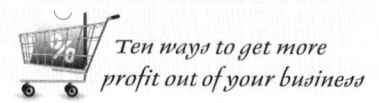

銷售諮詢室

我喜歡銷售，父母卻不支持，我該怎麼辦？

★ Requesting for help ★

王博士您好，我叫Rick，是您的忠實讀者，從事業務這一行有半年了，但沒有很順利，最近遇到一些困惑想請教您，真心希望您能看到我的來信。

由於父母的關係，我畢業後就到一間半公家機關從事助理的工作，但每天朝九晚五做著文書工作，讓我看到三十年後的自己，我不想過著一成不變的生活，我想我必須做出改變。平時我喜歡與人打交道，深思熟慮後，我認為業務的工作非常適合我，於是瞞著父母轉職到一家銷售環保油漆的公司。剛開始工作時，雖然有些不上手，但我喜歡這種工作氛圍，和客戶交流是我的強項，我覺得找回了原先的自己。

後來父母得知我去當業務，非常生氣，相當反對，說我朝九晚五的工作不好好做，非要做這種不穩定又沒前途的工作。聽到他們這麼說，我感到很鬱悶，其實業務並不像他們說的那樣，況且我喜歡銷售，一到公司我就覺得自己渾身充滿了力量，但他們卻無法理解、更不願諒解，每天都勸我換工作。我已經二十七歲了，也到了適婚年齡，又是家中的獨子，所以我不想讓父母擔心，但又不想放棄自己喜歡的工作。現在，父母都不支持我，家裡的氣氛也變得異常緊張，我真的非常苦惱，不知道該如何是好，王博士，您能告訴我該怎麼辦嗎？

Lesson **1** 心理素質──
最棒的業務員都有一顆積極、敢衝的心

Rick 你好，看到你這麼堅定地從事自己喜愛的業務工作，我由衷地為你感到高興，但也為你目前的處境擔心。針對你的情況，我提供以下幾點建議，也許能幫你解開困擾。

① 用好業績向父母證明你的選擇

其實你的父母只是希望你將來能有出息，做體面的工作，這樣他們才能放心。他們不同意你做業務，可能是因為他們認為業務這份工作，沒有固定的上下班時間，既辛苦又不穩定，所以，你更要想辦法向他們證明你的選擇沒有錯，做出漂亮的業績，用事實證明給他們看，讓他們感受到業務工作所帶給你的快樂；同時也要學會忍耐，多報喜少報憂，別讓父母擔心。

② 學會平衡工作與家庭的壓力

與穩定的上班族相比，做業務當然要承受更多的壓力，但既然你喜歡做，那就得接受這些壓力，並想辦法緩解和消除。且這些壓力最好不要和父母提起，因為這樣的話題只會加劇他們向你施加的壓力，試著多和父母聊一些與工作無關的話題，盡力營造和睦的家庭關係。工作上的壓力，可以和朋友聊聊，參加一些聚會或郊遊，到戶外走走，放鬆一下心情，也可以廣泛閱讀，讓心靈得到平靜。

③ 盡快在銷售中成長起來

父母怕你在業務工作上碰壁，耗費大好的年華卻得不到成效，既然你非

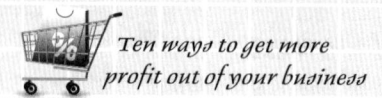

常喜歡銷售工作,那你就要想辦法成長起來,在打好基本功和提升素質的基礎上,多為自己尋找機會、創造機會,讓自己的優勢得以充分發揮,在業務這行找到自己可以發揮的舞台。

★ Case analysis ★

不僅是Rick,有很多喜愛業務工作卻又得不到親朋好友支持的人,都承受著巨大的壓力,因為有很多人都認為業務是人人都能做、低門檻的工作,對此我有兩點要說明。

其一,興趣是最好的老師,工作也是如此,只要有興趣在,就有動力與熱忱在,相較之下,對銷售有興趣的業務員絕對比那些被迫做銷售的人更具優勢,要知道,高漲的工作熱情是激發業績的關鍵。

其二,業務是一份有千百種結果的工作。業務在很多人眼裡是神秘的,大多覺得它不穩定,還要對人「卑躬屈膝」,是件吃力不討好的工作;但你知道嗎?它其實是一種彈性很強的工作,只要做得好就能擁有輝煌的未來,但如果做不好就只能垂死掙扎或改行。

如同這位寫信的朋友一樣,雖然他勇於堅持的精神很值得鼓勵,但讀者如果也有同樣的情形,我建議你千萬不要把時間和精力耗費在贏得支持和與家人爭論上,而是要把心思放在如何做好銷售,心無旁鶩地去做,取得優異的成績,借此來消除家人的不信任和反對,用成果向他們證明。

Lesson *1* 心理素質──
最棒的業務員都有一顆積極、敢衝的心

1-1 每位業務員都應該以自己的職業為榮

　　世界上有一種神奇的職業，獲得無數人士瘋狂的推崇，億萬人民讚不絕口，成功者更利用它實現了人生最偉大的夢想，而它就是世界上最偉大的職業──銷售！

　　縱觀世上成功人士，壽險銷售大王喬‧坎多爾弗（Jo Candorf）；一年賣出六百多間房子的地產狂人洛夫‧羅勃茲（Ralph R. Roberts）；日本銷售之神原一平；一年銷售一千多輛汽車的銷售冠軍喬‧吉拉德（Joe Girard）……這些成就非凡的人物，無一不是從銷售這條輝煌大道，一步步實現人生價值。同樣地，比爾‧蓋茲（Bill Gates）、李嘉誠、王永慶、台灣首富郭台銘等商業鉅子，也都是從業務員做起，慢慢成為現在名利雙收的成功企業家。可見，銷售是一份偉大的工作，選擇銷售，就等於選擇了成功。

　　喬‧吉拉德說：「每個業務員都應該以自己的工作為傲，你甚至可以說是業務員推動了整個世界。」成功行銷大師諾瓦爾‧霍金斯（Norval A. Hawkins）說過：「銷售是一份僅次於總統的偉大職業。」或許有些人不認同這種看法，甚至拒絕從事業務工作，但以下幾個觀點或許能讓你改觀，認為「業務」是世上最有前途的工作。

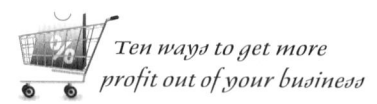

❶ 業務是一份坐擁高薪的職業

　　大部分人拒絕做業務性質工作的唯一原因就是，他們普遍認為業務員的底薪低、收入不穩定，甚至沒有收入。沒錯，業務員的收入的確不穩定，但正是因為不固定，所以才有機會創造更高的收入，像秘書、助理之類的工作收入非常穩定，可是那是穩定的低，而不是穩定的高。換個角度說，企業給員工發的薪資是哪兒來的？是從企業利潤中拿來的。那企業利潤又是怎麼獲得的？自然是從銷售產品和服務中得來的。所以，業務員是企業產生利潤的直接貢獻者，如果你僅是因為業務的收益不穩定，而放棄銷售，那就大錯特錯了。

　　要知道，在銷售工作中，誰都可能成為勝者，但前提條件是要敢想、敢做、敢行動，只有做到這些，你才有可能創造出驚人的業績，享受高獎金、高收入。試想，如果你具備了足夠的能力，那還有什麼可擔心的呢？這也是超級業務員能坐擁高薪的祕訣所在。

　　因此，千萬不要被低薪所擊倒、迷惑，更不要擔心收入不穩定而卻步，你要竭盡全力地提升自己的綜合能力，積極挑戰這種不穩定的收入；做到這些，相信你就能在業務這行中吃香喝辣，過著優質生活。

❷ 銷售是一份極具保障性的工作

　　在現實生活中，物價水準持續上漲，人們對於業務這個靠業績、獎金的工作，總覺得沒有保障，更別提生活安全感了，因而將業務工作排除在擇業範圍外。是人們的感覺出錯了？還是銷售本就是一份沒有保障的工作？

　　其實，無論從事什麼職業，都是沒有保障的，父母保障不了你；企業經營不善，照樣保障不了你；一個人的知識、技能水準更是有限，可以說

Lesson 1 心理素質——
最棒的業務員都有一顆積極、敢衝的心

連自己也保障不了自己，那我們真的就這樣一直生活在毫無保障的世界中嗎？當然不是。只要你懂得持續與外界進行利益交換，不斷獲得回報，你就能有效地保障自己，而這個最合適的保障擔當人無疑就是客戶。

銷售是一項要時時刻刻與客戶打交道的職業。當然，客戶哪裡都有，但除了銷售行業外，能持續景氣長紅的職業是不存在的。因為大部分看似有保障的職業，雖然薪水很高，但只要遇到管理不善或金融風暴等問題，還是會有裁員的情況發生；所以，除了公務人員外，根本沒有永遠的鐵飯碗。可是銷售就不一樣了，經濟發展的時候需要業務員，經濟停滯的時候更需要業務員去創造業績、創造利潤，只要業務員有能力創造客戶，就永遠不用怕經濟不景氣時會沒有工作，銷售是一項極具保障力的工作；只要你有做銷售的能力，那你就永遠不會失業。

❸ 銷售是一份高拒絕、高成功的職業

超級業務員雷德曼曾說：「銷售，是從被拒絕開始的。」的確，銷售過程中，常常會被客戶有意無意的拒絕，這也是大多數人不喜歡做業務的原因，但反過來講，成功往往是從被拒絕開始。為什麼呢？因為現實生活中，不僅是銷售行業，做任何事不可能每次都得到別人的贊同。

當你銷售產品時，被客戶拒絕的次數越多，你的行動量就越大，當然，隨著行動量的增加，你得到的拒絕也會越多，但其中自然也包括一些沒有拒絕你的；即使你行動了兩百次，有一百五十次被拒，也不要灰心，因為至少有五十次得到別人的認同。試想，如果你不行動的話，是不是連一次客戶的認同都沒有呢？所以，人們提出異議、拒絕其實都很正常，你反而要改變自己的想法，認為拒絕的次數越多，成功的機率越大。

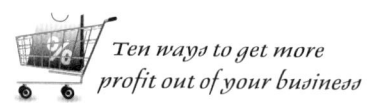

④ 銷售是一個很體面的職業

在銷售中，業務員是怎樣銷售產品的呢？當然是找到有需求的客戶，然後把產品賣給他們。對，就是這麼簡單！你的產品首先要能滿足客戶的需求，並讓對方感到物超所值，他們自然會接受你的產品，即使你沒有施展任何銷售行為，客戶如果真的需要，也就不太會介意價格高，仍想要買下它。可見，滿足客戶的需求是銷售的前提，因此，身為業務員的你，千萬不要認為拎著公事包，上門銷售產品是一件很沒面子的事情，反而要很自豪地認為自己是在滿足客戶的需求，而不是乞求他們購買產品；客觀來說是客戶有求於你，而不是你在乞求客戶。所以，銷售是世界上最光榮、最體面的職業，而不是必須要求別人、矮人一截的工作。

總而言之，銷售是一項極具發展潛力、最優秀的工作。我要告訴大家：無論你是資深業務員，還是剛步入銷售行業的新手業務，抑或是對業務這一行很感興趣的朋友，只要選擇銷售，你就等於選擇了成功；選擇銷售，你就有機會實現人生價值；選擇銷售，你就能贏得不同凡響的人生！

Lesson **1** 心理素質——
最棒的業務員都有一顆積極、敢衝的心

業務必備的四種心態，讓客戶拒絕不了你

　　心態決定一切，就連成功學大師拿破崙‧希爾（Napoleon Hill）也曾說過：「不是你駕馭命運，就是命運駕馭你，你的心態決定了誰是坐騎，誰是騎師。」心態在這裡指的是業務員對銷售工作的看法和態度，它是業務員採取一切行動的基礎，也決定了業務員用何種方式去創造自己的生活；事實也證明，80％的銷售業績是由心態決定。銷售是一場心理博弈戰，只有樹立了正確的銷售心態，敢於面對失敗、奮鬥不息，才能用熱情的態度去開拓市場，積極跨越困境，活躍於銷售舞台。

　　那身為業務員，應該具備哪些心態呢？

❶ 自信——一切行動的原動力

　　自信是一切行動的原動力，沒有自信就沒有行動，因此自信往往成為頂尖業務員與平凡業務員之間的分水嶺。頂尖的業務員由於充滿自信，樂於和客戶分享他的產品，因而能在客戶面前表現得胸有成竹、落落大方，他們的自信往往能感染並征服客戶，讓客戶對產品產生信心，進而達成交易；平凡的業務員由於缺乏自信，在客戶面前不是滿臉漲紅，就是說話吞吞吐吐，使對方失去耐心、不願交談，以致業績平淡。

　　被稱為汽車銷售大王的世界紀錄締造者喬‧吉拉德（Joe Girard），

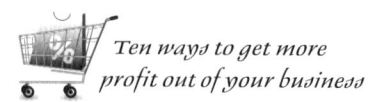

曾在一年中銷售一千六百多部汽車，每天平均售出將近六部。當初他去應徵汽車銷售員時，老闆問他：「你賣過汽車嗎？」他回：「沒有，但我賣過日用品和電器，我可以銷售它們，便說明我可以銷售自己，自然也能銷售汽車。」正是這種自信滿滿的心態，喬‧吉拉德才能創下無人能及的高業績。可見，自信對業務員來說是創造卓越業績的關鍵。

日本知名企業家松下幸之助說過：「在荊棘道路裡，唯有信念和忍耐才能開闢康莊大道。」因此，身為業務員的你，要時刻樹立並保持「給我一個支點，我便能撬動地球」的無比自信，並在恰當時刻展現給客戶，進而影響他們的決定。

成交必殺技

- 積極自我暗示，相信自己能行。在自己經常接觸的地方，貼上明顯的宣示語：「我行，我能行，我一定行」、「我是最好的」、「我是最棒的」等等。在每天臨睡前或起床時，對著鏡子將自己的優點列舉出來，加以表揚自己，提升自信。

- 不論是聚會還是參加任何培訓課程，習慣坐在前排，盡量往前坐。務必記住，有關成功的一切都是顯眼的。

- 面帶微笑，正視別人，用溫和的目光打招呼，提升自己的親和力，贏得他人的信任，為你的自信加分。

- 樹立自信的外部形象。整潔、得體的儀表，行為舉止大方灑脫，更能煥發內心的自信；加強鍛鍊，保持強健的體魄，也能增加你的自信。

Lesson 1　心理素質──
最棒的業務員都有一顆積極、敢衝的心

❷ 主動──為自己創造機會

　　什麼是主動？主動就是沒有人告訴你，而你正做著恰當的事情。現今競爭激烈，唯有主動才能佔據優勢，被動只會讓自己處於被挨打的境地，既然我們選擇了銷售這一行，那我們就應該主動爭取，這也是每個選擇銷售的人必備的特質之一。例如，在職場上，很多事情沒有人會主動要求你做，這時你應該自主地執行起來，磨練的同時，也是在為自己積蓄力量，爭取更高的職位；倘若你不主動，那你將失去事業的主導權。

　　銷售就像一場戰爭，在遇到問題與困難時，積極主動的業務員總會思考怎樣才能實現成交，怎麼做才能提升成交的機率，然後考察、分析市場，將產品優勢與客戶的需求點結合起來，進而促成交易；而消極被動的業務員，會為自己找一堆失敗的藉口，固步自封，抱持這種心態的業務員不僅無法在銷售上取得成功，他的人生也大多是失敗的。

　　無論如何，業務員都要備妥主動的心態，主動出擊，替自己增加機會，一方面增加鍛鍊自己的機會，另一方面爭取實現自我價值的機會。其實，銷售事業只是提供你生財的道具，舞臺需要由自己搭建，演出更需要自己排練，演出什麼樣的節目，有什麼樣的收視率，決定權在自己手上；只要你具備積極的心態，就有了敢於亮劍的勇氣，做任何事還能不成功嗎？

❸ 包容──客戶永遠是對的

　　海納百川，有容乃大。正是有了大海那樣的胸懷，才能百川並蓄。的確，包容是一種美德，一種涵養，它能摧毀一切不和諧的聲音，消除人際交往中的摩擦，讓彼此和諧共存；每個人在現實生活中要有一顆包容的心，在銷售的過程中更應如此。

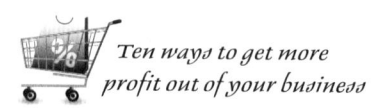

　　世界上沒有兩片相同的樹葉，每個人的性格、價值觀、人生觀等各不相同，難免會在產品或其他方面產生一些矛盾和誤會，倘若你一味執著於與客戶爭執，那就陷入了與客戶玩文字遊戲的爭執中，交易自然容易破局。反之，你若能抱著一顆包容的心，始終秉持「客戶永遠是對的」的理念，以正面的心態與理解的方式去看待客戶的抱怨，包容客戶的挑剔與無理，將銷售過程中所謂的利益爭奪戰轉化為輕鬆的交談，就能在和諧的氛圍中談成生意。但這種寬容的胸懷並不是與生俱來的，必須在現實生活中培養。

成交必殺技

- 接受自己無法改變的事。對於那些費盡心思，但沒有成功簽單的客戶，一定要具備一顆平常心，不要整天針對小挫折怨天尤人，豁達才是你應該具備的人生態度。

- 培養自己的自控力。對於客戶提出的異議或無心過失，損壞產品及公司的相關利益時，要保持頭腦清醒，時刻提醒自己不要失態，尊重他人發表意見或異議的權利。

- 責人之心責己，怒己之心怒人。在客戶提出一些不合實際或有違常理的想法，比如：客戶提出的價格低於底線，或是為了降價而貶低產品等，千萬不要動怒，與客戶的關係陷入緊張，反而要誠摯地去體諒客戶的無心之舉，這樣更能得到客戶的信任。

❹ 雙贏──大家好才是真的好

　　所謂雙贏就是在滿足自己利益的前提下，又同時滿足對方的需求。在銷售中，只有客戶與業務員兩廂情願地達成交易，才能在銷售上達到真正

Lesson *1* 心理素質──
最棒的業務員都有一顆積極、敢衝的心

的成功。而且,業務員不僅僅要成交新客戶,還要留住老客戶,因為老客戶往往能帶來更多的人脈資源與新客戶。而留住老客戶的不二法寶就是把握好雙贏原則,只有時刻為客戶的利益著想,贏得客戶的信任,你才能順利拿到他們的訂單,在銷售中站得更穩。

若想提升銷售業績,獲得事業的成功,你就必須盡力發揮心態的力量,這樣才能談什麼都成交。

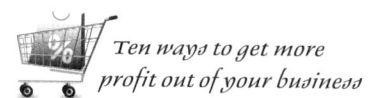

不慌亂、不著急、能堅持，業務路才走得久

在銷售過程中吃閉門羹是常有的事，因為銷售便是從被拒絕開始，沒有拒絕，哪來銷售？這是每位業務員都應該明白的道理，但有些業務員在遇到困難時，總容易退縮，沒有勇氣堅持到底。例如：被客戶拒絕時杞人憂天，好不容易約到一名客戶，反而又手忙腳亂，甚至把產品的資料、樣本都帶錯；有的業務員則是一見到客戶就急於推銷產品，對客戶百般催促，恨不得對方立即簽單；還有的業務員在客戶拒絕後，如果覺得銷售無望，就淺嘗輒止，立即放棄。上述這些業務員最終大多與高業績無緣，無一例外。

綜觀這三種情況，我們可以看到：第一種業務員被客戶拒絕後，容易「庸人自擾」，最終慌不擇食；第二種業務員是急於求成，但「心急吃不了熱豆腐」；而最後一類業務員缺乏堅持的動力，一受挫就自暴自棄。可見，如果你想在業務這行有所成就，必須具備這三種最基本的心理：不慌亂、不著急、能堅持。

良好的業績皆來自於業務員不懈的努力，銷售工作中難免充滿艱辛與挫折，既然選擇了這一行，我們就必須堅定自己的意志，將工作落實；只有堅持到底，才會有成功的希望。當然，為了克服以上消極心理，在實際工作中我們可以留意以下幾點。

Lesson 1　心理素質——
最棒的業務員都有一顆積極、敢衝的心

❶ 不擔心你無法掌握或與你無關的事情

「世上本無事，庸人自擾之。」有的業務員在初次拜訪客戶時吃了閉門羹，經過不懈的努力後，終於得到與客戶見面的機會，可內心卻七上八下，擔心客戶態度強硬、害怕自己無法得到客戶的認可等等，這都是沒有必要的庸人自擾。客戶的態度是否強硬，這不是你所能控制，但你可以試著改變；客戶或許不認可，但你可以試著說服，一味的擔心只是徒增煩惱，還替自己帶來壓力。記住，不要擔心那些你無法掌握或與你無關的事情，思考如何解決問題，才是你該花心思的地方。

❷ 三思而行，做事善始善終

穩中才能求勝，凡事欲速則不達。過於急躁反而會漏洞百出，即使得到一時的利益，對長遠的發展也毫無益處；在銷售中一蹴而就，反而會因不夠仔細而有些意外狀況。

業務員情緒急躁，急於求成，做事缺乏計畫，就容易出差錯，不僅給自己造成壓力，也會招致客戶反感。因此，工作時要保持謙和冷靜、慎思穩重，做事善始善終，不半途而廢，給客戶充分考慮的時間，即使遭到拒絕，也要保持一顆平常心，不因此發脾氣，甚至是出言不遜。

❸ 不為失敗找理由，只為成功找方法

全美地產大王湯姆‧霍金斯（Tom Hopkins）說過：「可以失敗，但絕不能放棄。」的確，在銷售過程中，常常可見「一步走錯，全盤皆輸」的局面。人們在面對挫折時，很容易草率地選擇放棄，要知道堅持不一定成功，但放棄一定失敗。

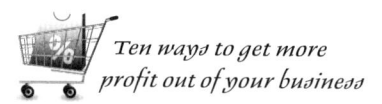

選擇放棄固然比堅持容易得多,但選擇放棄的結果通常只能是失敗,很難擁有更大的成就。因此,在面臨艱難的選擇時,業務員一定要保持頭腦冷靜,仔細分析眼前的問題。

成交必殺技

- 想想,其他同事面臨這種情況,會輕易放棄嗎?如果我現在放棄,結果會怎樣?
- 客戶還有購買的可能嗎?還有其他辦法能幫自己度過難關嗎?如果有的話,是否還是想放棄呢?
- 堅持下去,我會獲得什麼利益?這時放棄,會有什麼損失嗎?

業務員一定要時時遵循以上幾點,權衡利弊,如果認為堅持下去利大於弊,那就積極尋求各種方法、任何途徑來克服困難。當然,如果認為堅持下去沒有絲毫意義,企圖放棄的時候,也要問問自己是否已經盡心盡力,如果心中沒有肯定的答覆,最好堅持下去,不要輕言放棄;但如果找不到任何堅持下去的理由,那就及時罷手吧,把時間和精力轉移到更有價值的工作上。

④ 走自己的路,不在乎別人怎麼說

俗話說:「不以物喜,不以己悲。」作為業務員,在拜訪客戶時,一定會遇到各式各樣的言論,比如客戶的抱怨,主管的不理解、訓斥,同事的冷眼與歧視等。這時你該怎麼做呢?如果被這些言論所左右,你絕對會

Lesson 1 心理素質——
　　　　最棒的業務員都有一顆積極、敢衝的心

被壓得喘不過氣，左右你的情緒，影響到自己業績；但如果你選擇勇敢地走自己的路，就能在銷售中收穫累累碩果。

有時候業務員可以試著改變思考問題的角度，或許就能找到更有效的解決方法。比如：在長期約見一位客戶無果的情況下，你可以轉向客戶周圍的人或朋友尋求幫助，也許就能找到準確的切入點。

成交必殺技

- 在遇到外界的負面批評時，你可以採用積極的心理暗示來增強決心和信心。比如在心中告訴自己：我還能堅持下去，我並沒有被打垮，堅持就是勝利！
- 準備一本勵志筆記，記下讓自己感動或觸動自己內心的話、故事，甚至是座右銘，你也可以多看一些勵志電影。
- 借助家人的力量來激勵自己，請家人在你上班前或愁眉不展、心情鬱悶的時候，大聲地對你說：「我們相信你是最棒的，我們不允許你被打倒！」
- 任何時候都要以一顆平常心，來看待自己的成與敗，做到勝不驕、敗不餒，要知道自己與超級業務員相比，業績根本九牛一毛。

在銷售過程中，難免會出現各式各樣的問題、形形色色的麻煩，正如在成就事業的道路上，免不了會跌倒一樣。但跌倒的不一定都是懦夫，所謂的懦夫是遭遇困境時，不知如何面對、手忙腳亂，甚至急於求成的人；更是那種跌倒了就索性安於現狀，再也不願爬起來的人。

真正的勇者則是在哪裡倒下、哪裡爬起來的人，即使倒下 1000 次、

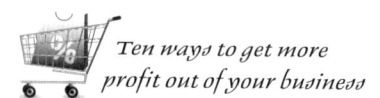

10000次,也會在第1001次、10001次爬起來。業務員要時刻堅信前方有路,千萬不要在「山窮水盡疑無路」時,就停下腳步、輕易放棄,否則即使「柳暗花明」的銷售頂峰近在咫尺,你也無法抵達。

Lesson **1** 心理素質──
最棒的業務員都有一顆積極、敢衝的心

1-4 克服恐懼，你就成功了一半

業務員初入職場時，總會遇到這樣的情況：打電話開發新客戶時，緊張到結結巴巴，說不出所以然，與客戶約見時，又站在客戶的辦公室門口徘徊，心中莫名其妙地緊張起來，遲遲不敢敲開客戶的門。即使進去之後，向客戶介紹產品時，心驚膽戰，驚慌失措，以致忘了介紹產品的關鍵點，好不容易與客戶溝通結束，內心又是一陣忐忑，害怕自己表現不佳，一不小心就丟了渴望已久的訂單……這是為什麼呢？

其實仔細分析，不難看出這全是業務員心理的恐懼在作怪，究其根源，這種恐懼心理往往來自於客戶的拒絕、對客戶的恐懼及過往的失敗經歷等等。但不管恐懼來自哪方面，如果我們不能戰勝恐懼，就會像上面的情況一樣，成交最終會化為泡影。因此，若想跟客戶有效溝通，順利成交，就要做好被拒絕、失敗的準備，並找到克服恐懼的方法。

那你應該從哪幾個方面努力呢？

❶ 做好準備，心裡有底就不再恐懼

業務員在拜訪客戶時，害怕失敗、擔心自己的專業知識掌握得不夠確實，無法回答客戶的問題，或害怕與客戶交談的話題甚少，與對方沒有共同語言，以致中途冷場。其實，你大可不必這麼擔心，最有效的解決方法

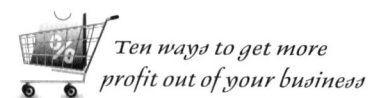

就是準備好你所需的資料,當然包括你介紹產品前的寒暄語、銷售工具、客戶會產生的疑問以及你的解答等等。只有做到心中有底、有備而來,才能勝券在握,減輕你的恐懼感。

❷ 勤加練習,讓自己習慣在大眾面前說話

有些業務員在家人、朋友或是自己熟悉的人面前,都能滔滔不絕,表現的相當自然,不會有絲毫畏懼情緒;但只要面對陌生的環境、陌生的客戶時,反而失去了說話的勇氣,表現不如預期。美國培訓教父愛德華茲(Edwards)曾說過:「你必須去做你最害怕的事,才能克服你的恐懼。」因此,面對這種情況,你要常在陌生人面前練習說話與表達,讓自己敢於開口說話。

成交必殺技

- 積極參與社交活動,一方面尋找潛在客戶,另一方面主動與陌生人打招呼、溝通,讓自己能自然地與陌生人搭訕。
- 將自己的優點記錄下來,想到就拿出來看一看自我砥礪,你會發現自己的優點越來越多;和陌生人說話時,也可想一想自己的優點,這樣就不會緊張了。
- 可以多閱讀一些書籍、雜誌,尤其是關於銷售方面的。
- 遇到困難時,及時與家人、好友溝通,向他人請教解決問題的辦法,為自己累積這方面的經驗。

Lesson **1** 心理素質──

最棒的業務員都有一顆積極、敢衝的心

❸ 為打翻的牛奶哭泣，無濟於事

每個人都希望事業能一帆風順，一路上不出任何差錯，但失敗往往在生活中扮演著重要角色。一個人如果一直處於順遂的環境當中，他就會失去前進的動力，偶爾失敗反而能激勵自己努力往前衝。

但業務員通常會在與客戶溝通失敗後，便一味地陷在失敗之中，在拜訪新客戶時，會因為自我懷疑而產生恐懼，造成惡性循環。所以，千萬不能忽視失敗所產生的巨大負面影響力，當你不幸遭遇談判失敗時，不要自怨自艾、追悔不已，這樣不但徒勞無益，反而還會徒增氣餒情緒，影響下次銷售的進行。

不論什麼原因，失敗就是失敗了，要學會接受現實，接受失敗，學著換個角度思考問題。失敗是成功之母，你越失敗，就代表你往後犯的錯誤會越來越少，距離成功越來越近，只要不放棄、繼續努力，成功會在下個轉角處等著你。

❹ 讓銷售更具挑戰性

業務員在完成銷售業績的前提下，可以適當增加自己銷售的難度，這也是克服銷售恐懼症相當有效的方法。讓自己在知道工作有一定難度的情況下，仍主動去爭取並完成這項工作，即使最後失敗，你也能從中收穫許多；如此一來，這樣在面對新客戶時，便不再懼怕了。

成交必殺技

● 為自己安排額外的銷售任務。如：每天多拜訪三名新客戶、多完成一筆生意，循序漸進，銷售就會越來越順手。

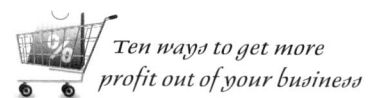

- 跳脫常規，例如向女性推薦手機、家電產品，向男性推薦護膚保養品等，為自己的任務增加難度。
- 每完成一次任務時，都要仔細記錄下來，並隨時鼓勵自己：「我能行！」有時也可以獎勵一下自己，在生日或特別節日送自己一個小禮物。
- 每天面對鏡子大喊三遍：「我是最棒的！我可以的！加油！」

⑤ 用知識武裝自己

在銷售的過程中，我們難免得跟一些大人物打交道，如果想成為一名頂尖的業務員，就必須好好把握住向大客戶銷售的機會，不僅為你帶來豐厚的利潤，也讓你的銷售專業有所成長。

但大人物的光環效應，通常會給我們帶來一種無形的壓力，在他們面前我們常常會感到自卑，產生莫名的恐懼，成為業務員表現失常的致命弱點。

所以，為了不讓自己在大客戶面前屢屢失利，就應該隨時為自己充電，多關注一些經濟、政治等方面的新聞，充實自己的同時，也為自己能與客戶順暢交流做準備；並且保持一顆平常心，不仰視大人物外，也不俯視小人物，不卑不亢才是最佳的態度。

身為業務員，你的業績、你的成功都是從一次次拜訪客戶開始的，與其在拜訪客戶時內心充滿恐懼，讓銷售毫無進展，倒不如花點時間，找對方法，徹底克服自己的恐懼情緒，讓自己談起生意都能暢行無阻。

Lesson 1 心理素質——
最棒的業務員都有一顆積極、敢衝的心

1-5 性格內向的人，適合做業務員嗎？

　　業務是一個要與客戶打交道的工作，大多數人認為，只有能說會道，古靈連化的人才適合做銷售，其實不然。能說會道、性格外向的業務員固然較受客戶歡迎，但事物往往具有兩面性，這類人因為說的太多，聽的太少，而忽略了察言觀色的技巧，反而會讓客戶覺得這樣的業務員不切實際。而性格內向、木訥含蓄的業務員就不同，雖然個性內向在一定程度上是缺點，但正是這種穩重、善解人意的性格，可以給客戶一種誠實可信、值得交往的感覺，反而容易取得對方的信賴。我可以肯定地說，性格並不是做業務的先決條件，內向的人同樣可以勝任銷售工作。

　　對業務員來說，銷售是一份極具挑戰性的工作，不僅要面對客戶的考驗、業績的考驗，還要實現對自我能力的超越；只有通過這重重考驗，最終才能戰勝自己，成為一名超級業務。而性格內向的業務員大多缺乏與客戶溝通的技巧，致使商品溝通無法順利進行，形成他們的致命弱點。那在銷售中，內向的人要如何做才能擔得起銷售重任呢？

❶ 全方位地認識自己，才能揚長避短

　　現實生活中，有些人常常會誇大其詞，恣意傳論內向性格的不利影響，讓內向的業務員陷入這樣一個誤區，認為性格內向是一種缺陷，更是

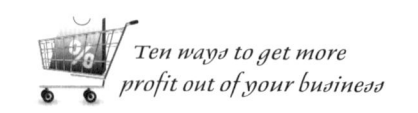

一種不良性格；致使自己失去前進的方向，不知何去何從，甚至質疑自己是否適合從事這份工作。

在銷售工作中，頂尖的超業們擁有的共同特質之一，就是明確地認識自己。他們清楚知道自己在做什麼、優勢為何，應該向哪個方向前進，能夠冷靜分析自身優勢與不足，從而找準自己的位置。可見自我認知能力是一種成功的暗示，可以鼓勵我們不斷努力，讓自己發光發熱。當然，內向的業務員要想實現成功銷售，更要充分發揮出自己與眾不同的性格優勢，做到每天「三省吾身」。

另外，在一項人際交往的心理研究中指出，在各種影響人際關係的因素中，「開朗」因素在重要性排列中排在第十八名，而像真誠、智慧、可信賴、有思想、體貼、善良、友好等因素都排在前十名中，這些因素對人際關係的好壞起著更為重要的作用。可見性格內向並不影響自己的人際交往，因為人際交往的能力往往可以透過後天來培養，因此，性格內向的人要充分發揮出自己人際交往方面的特長，為自己累積人脈。

❷ 鼓勵自己，你才會越挫越勇

對業務員來說，激勵是更重於口才的致勝關鍵，口才不好可能會讓你失去某個客戶，但不懂得激勵自己反而會讓你的職業生涯提前終結。

被稱為日本銷售之神的保險經紀人原一平，在初涉保險業時，由於不善說話，常常得罪客戶；又加上他的身高只有 145 公分，時常遭到客戶譏笑。但這一切並沒有打倒原一平，心中始終燃燒著「永不服輸」的熊熊鬥志，激勵著他越挫越勇，之後他憑著自己努力不懈的毅力，三十六歲時業績便衝到全國第二，五十六歲時成為美國百萬美元圓桌會議會員，協助設立全日本壽險銷售員協會，並擔任會長，為日本壽險做出卓越的貢獻。

Lesson 1　心理素質──
最棒的業務員都有一顆積極、敢衝的心

原一平輝煌的成就,是由一連串的成功與挫折所堆疊而成,他的成功全靠自我激勵、自我超越來達成。

身為業務員,最常遇到的並非客戶的掌聲與鮮花,而是無窮無盡的壓力與挑戰。所以對於追求成功的你來說,學會自我激勵可以讓自己充滿抗壓性,不懼挫折,從容上陣,順利成交。

❸ 善於表達,也要注意把握好「度」

性格內向的業務員口才木訥,不善言談,這也是阻礙自己與客戶進行良好溝通的障礙之一。因此,業務員要注意自己口才方面的培養,善於表達自己的觀點;所謂的善於表達,並不是要業務員口若懸河、滔滔不絕,而是以把握好說話的「度」為準繩。也就是說,作為業務員,雖然性格內向,但最起碼要在口才方面做到這幾點:一是對銷售有深刻理解,能把產品的介紹及專業知識表達清楚;二是平時多留意吸收多元的學識與修養,廣泛涉獵,才能找到符合客戶口味的聊天素材;三是要在合適的地點、合適的客戶面前,說出讓客戶滿意的話,從而增加客戶的信任。

❹ 把學習當成一種習慣

身處瞬息萬變的競爭市場,學習新知識、了解社會及客戶的最新動向與趨勢是必須的,雖然學習者不一定是成功者,但成功者一定是善於學習的人。商業鉅子李嘉誠在年逾七旬之時,仍堅持每週讀完三本書、幾本雜誌,讓自己能時時了解社會新知與趨勢。

而對於內向的業務員來說,主動學習不僅可以汲取大量知識,開闊視野,還能把學到的東西落實、實踐,即使自己不善言談,但找到讓客戶感興趣的話題還是輕而易舉。而業務員此時要做的就是多聽、少說,察言觀

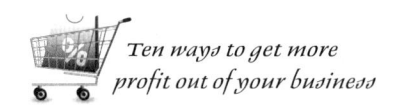

色,主動出擊。

　　且事實證明,內向的人有充分的理由勝任銷售工作。他們的性格特點看似與銷售格格不入,卻往往是實現銷售最敏銳的利器,但性格也是一把雙面刃,有好處的同時,自然也有其不利的一面;所以,個性內向的業務員應該正確地認識自己,充分發揮自己的優勢,避免缺點外顯,從而在業務這行越做越好。

Lesson 1 心理素質——
最棒的業務員都有一顆積極、敢衝的心

銷售加分題

新世代業務員的能力測試與解析

能力測試

❶. 當你打電話約見客戶時，電話被客戶的秘書接起。秘書小姐問你有什麼事情時，你會如何回答？

　　A. 告訴她你希望和老闆談話
　　B. 告訴她找老闆有私事
　　C. 告訴她你要向老闆推銷產品
　　D. 告訴她你的拜訪能為老闆帶來何等好處

❷. 和你同期的同事業績為公司第一，你的感覺是？

　　A. 也許他付出的努力比我多
　　B. 如果我和他在同樣的地區做銷售，我一定會比他更好
　　C. 我要努力加油，下個月一定要超越他
　　D. 如果以市場占有率為標準考核，他可能就得不到第一

❸. 你去拜訪某客戶時，他經常讓你吃閉門羹，對於這樣的客戶，你會怎麼做？

　　A. 堅持到底，並試圖改善
　　B. 自己不去，請示經理讓別的業務員去嘗試
　　C. 直接放棄這名客戶
　　D. 調整拜訪頻率

❹. 當你在介紹產品的時候，客戶突然打斷你的話，並告訴你其實他考慮購買競爭對手的產品，想聽聽你對他們產品的看法，這時你會怎麼做？

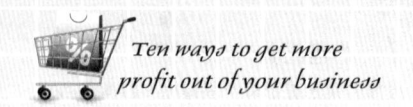

A. 輕描淡寫地帶過，並把話題拉回到自己的產品上
B. 極力稱讚競爭對手產品的特色
C. 對競爭對手產品的缺點進行「狂轟濫炸」
D. 開個小玩笑轉移客戶的話題

❺. 當你與客戶興致勃勃地討論產品時，這時突然有人敲門進來打岔，你會怎麼做？

A. 繼續你的談論，當什麼事都沒發生，不予理睬
B. 暫停銷售，並等待合適的時機
C. 建議並邀請客戶出去喝一杯咖啡
D. 建議「不速之客」另找時間來訪

❻. 經過考察，你發現某一區域的目標市場最多只能賣出 9,000 件產品，而你已經銷售 7,000 件，但你的主管偏偏要求你完成 10,000 件，你會怎麼辦？

A. 覺得主管故意在找碴
B. 仔細考察市場，看看是否存在別的商機
C. 在心中默默罵他，依舊我行我素，對他的要求不理不睬
D. 向他解釋市場現狀，告訴他根本達不到

❼. 在談論時，客戶由於某些原因對產品有些誤解，你會怎麼做？

A. 直接打斷客戶說話，並加以糾正
B. 使用反問的技巧，讓客戶明白是他搞錯了
C. 仔細聆聽，然後轉移話題
D. 仔細聆聽，並找出錯誤之處

❽. 當你面對的客戶較為悲觀時，你會怎麼做？

A. 向他解釋，告訴他這樣不好
B. 對他的悲觀一笑置之，不予理睬

Lesson 1 心理素質——
最棒的業務員都有一顆積極、敢衝的心

C. 找些輕鬆、樂觀的話題聊
D. 引述事實，證明自己的產品是完美的，不用擔心

❾. 你有一位同事工作很努力，但銷售業績始終不理想，主管因而將他辭退，你有什麼感覺？

A. 怪市場不好，應該再給他一次機會
B. 商場如戰場，優勝劣汰，銷售就是如此
C. 根據他的經歷，及時吸取經驗，避免以後也發生同樣的狀況
D. 立刻產生危機意識，警覺到下一個可能就是自己

❿. 主管讓你執行一個錯誤的銷售方法，你發現其中存在嚴重的紕漏，可能會造成可怕的後果，但他就是不聽你的意見，這時你會怎麼做？

A. 那就執行吧，等著看他笑話
B. 嘴上說執行，但為了讓自己免受其害，其實根本沒有執行
C. 先執行一段時間，看看情況再說
D. 向主管再次強調可能會造成的後果

⓫. 在介紹產品的過程中，客戶向你詢問產品相關的問題，但這個問題你正巧也不清楚，你會怎麼做？

A. 隨便說一個答案來應付客戶
B. 裝作一副很了解的樣子，然後說出自己認為正確的答案
C. 將問題轉拋給主管或其他資深業務
D. 承認自己也不懂，然後盡力去尋找正確答案

⓬. 當客戶產生異議或抱怨時，你該怎麼做？

A. 直接打斷客戶的話，並指責客戶的錯誤
B. 同意客戶的觀點，然後將錯誤推到他人身上
C. 認真傾聽，心裡明白是公司一時疏忽出了問題，但還是予以否認
D. 認真傾聽，判斷客戶的異議是否正確，然後在適當的時機予以糾正

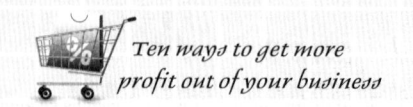

Ten ways to get more profit out of your business

⑬．你找到一份新工作，但工作一段時間後，你發現這並不是心中理想的工作內容，而且公司的發展不是很好，一直在走下坡。這時你會怎麼做？

　　A. 希望透過自己的努力，能讓公司振興一點
　　B. 先做一段時間，看看情況再說
　　C. 立刻走人，找自己理想中的公司
　　D. 讓自己長長見識，看看公司發展的弊端，更何況還有薪水，何樂而不為？

⑭．你的主管為了謀求自己及早晉升，要求下屬超額上繳利潤，更經常在員工面前談論一些要回饋公司等話題，並減少員工的實際收入。你會如何想？

　　A. 他不會體恤員工，就是一個傻子
　　B. 過不了多久，狐狸尾巴自然就會跑出來
　　C. 或許他有苦衷吧
　　D. 人在官場，身不由己，如果我是他，我可能也會這麼做

⑮．在充分了解客戶之後，發現客戶屬於激進型，那你應該怎麼做？

　　A. 表現得客氣點
　　B. 證明是客戶的錯
　　C. 過分的客氣
　　D. 拍他馬屁

⑯．在回答客戶的反對意見後，你下一步會做什麼？

　　A. 試行訂約
　　B. 大量舉例，證明自己的觀點非常正確
　　C. 保持沉默，讓客戶先開口說話
　　D. 轉換話題，繼續銷售

⑰．當客戶出現購買意願，並問你什麼時間能出貨時，你會如何做？

　　A. 告訴他送貨時間，並試做訂單

Lesson 1 心理素質──
最棒的業務員都有一顆積極、敢衝的心

   B. 告訴他送貨時間,並要求簽單
   C. 說明送貨時間,然後接著介紹產品
   D. 告訴他送貨時間,然後等待客戶的下一個反應

18. 你認為下列哪種情況,是業務員充分利用時間的做法?
   A. 拜訪客戶
   B. 在銷售會議學習更好的銷售方法
   C. 更新客戶的資料
   D. 和同事討論客戶應對方法

19. 經過一番努力,你被一家很有名氣的大公司錄取了,這時你會怎麼想?
   A. 想出頭,今後就要更加努力
   B. 我真幸運,能被這樣的公司錄用,說明我的能力還行
   C. 這家公司慧眼識才,以後一定會以我為榮
   D. 人才太多了,日後若要出頭不容易呀

20. 作為一名業務員,你認為下列哪一項最重要?
   A. 多結識客戶,擴展自己的人脈圈
   B. 為公司多做一點業績,謀求更多利潤
   C. 讓自己的能力得到提升
   D. 努力追求豐厚的獎金

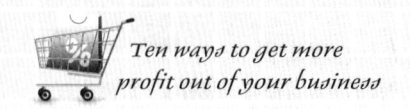

評分標準與解析

題號	A	B	C	D
1	1	1	2	5
2	2	1	5	1
3	5	3	1	1
4	5	3	1	1
5	5	3	2	1
6	1	5	1	2
7	1	2	3	5
8	1	2	3	5
9	1	3	5	1
10	1	2	5	3

題號	A	B	C	D
11	1	1	1	5
12	1	2	3	5
13	3	2	1	5
14	1	5	1	2
15	1	2	3	5
16	5	1	1	1
17	5	2	2	1
18	5	3	1	1
19	5	3	1	1
20	1	2	5	1

測得分數為 95 分以上

你的銷售能力已經達到非常專業的地步，能妥善掌握銷售局面；銷售結束後，你也能和客戶建立起良好的友誼關係，替未來的銷售帶來益處。當然，還要戒驕戒躁，爭取在銷售領域闖出一片天！

測得分數 90 ～ 95 分

你是一位優秀的業務員，能力很突出，對於銷售的技巧性問題，你也能靈活地把握與運用，但還是要繼續努力，更上一層樓！

測得分數 80 ～ 89 分

你的銷售能力勝過大部分的業務員，但在某方面仍有些小問題，工作時要多加留心注意，及時查漏補缺，只有找到自己的問題點，對症下藥改善，才有更大的進步空間。

Lesson 1 心理素質──
最棒的業務員都有一顆積極、敢衝的心

測得分數 70 ～ 79 分

你的銷售能力一般，各方面雖然都懂，但技巧性的問題沒有掌握住。不過，請不要氣餒，對照一下測試題，找找你的不足之處，繼續努力，相信你會成功的！

測得分數 60 ～ 69 分

你的能力有待全方位提升，多看看與銷售技巧有關的書籍，同時多向資深的業務員請教，把自己打造成　位業務高手。別沮喪，從現在開始努力，只要有心，你能獲得成功的。

分數為 59 分以下

認真自問和省思一下：是否對銷售失去熱情？或自己是否真的想做這份工作。

銷售充電站

從業務菜鳥到年薪百萬

萬小姐從事汽車銷售業已有四年光景，年紀輕輕不到三十歲，長得也不是特別上相，給人的第一印象還有點文弱，但她其實是汽車業人人皆知的風雲人物，曾創下每月銷售二十輛汽車的冠軍紀錄。

四年前，來自台南的萬小姐從事著一份薪水穩定的祕書工作，在當時，這可是讓眾多女孩羨慕，甚至可以說是妒忌的工作。但萬小姐相當有自己的想法，在她看來，祕書工作雖然輕鬆、安逸，卻是在吃「青春飯」──沒有好的發展前景。由於自己身邊有幾個朋友是做銷售的，所以在朋友的耳濡目染下，萬小姐也漸漸對業務這份工作產生了幾分興趣。喜歡挑戰的她，毅然辭掉原先沒有壓力的工作，轉入業務跑道，從最基層的業務人員做起，讓家人感到非常不解。

由於沒有任何業務經驗，再加上缺乏人脈和基本的銷售技巧，在最初開發及接待客戶過程中，萬小姐踢到無數鐵板，被拒絕的次數也不計其數。其中有次，讓她至今仍深有感觸：那天，汽車展示大廳走進一位西裝革履的中年男士，萬小姐趕緊迎上去，為他介紹各種汽車款式，但這位顧客一句話都沒說，只留下聯繫方式就離開了，讓萬小姐很是納悶。下班後，萬小姐冥思苦想，怎麼也揣測不到那位顧客的真實意圖。於是，她給那位客戶打了通電話，想問清楚原因，那位顧客告訴萬小姐，原本是想買一輛女兒最喜歡的車型，作為生日禮物送給她，但萬小姐一直在介紹另一款高級房車，讓他意興全消，才會一

Lesson 1 心理素質——
最棒的業務員都有一顆積極、敢衝的心

走了之。經過這件事情之後，萬小姐得出一個經驗就是：介紹產品前，一定要先了解客戶的需求，唯有根據客戶的需求介紹產品才會事半功倍。

在越來越多的銷售溝通中，萬小姐發現做業務真的很不容易。一方面市場環境變化莫測、難以預料，另一方面則是自己沒有多少銷售經驗，無法充分滿足客戶的需求。但她沒有因此感到氣餒，抓緊任何可以學習的機會，積極學習各種銷售技巧，並自我檢討，累積經驗。她也無意間發現，只要自己在介紹產品時面帶微笑，就會神奇地拉近與客戶之間的距離，無論遇到多麼難解的問題，最後都能順利地溝通下去。所以，每次只要有客戶登門拜訪，萬小姐就會毫不吝嗇地施以微笑攻勢。

誰都沒想到，萬小姐僅做了一年的時間，就拿到公司的「銷售之星」，並獲得區域銷售顧問第二名。且隨著接觸的客戶越來越多，客戶的情況也是因人而異，為了達到最大效率地開發、管理客戶，萬小姐細心地將客戶資料製成詳細的表格，整理成冊。上面仔細記錄著客戶的個人情況、家庭介紹，甚至詳細到包括客戶的愛好、性格等都有記錄，還在旁邊批註了自己的聯繫情況，一旦她發現客戶的資訊發生變化時，就會及時修改與更新；而且，在遇到喜慶節日時，萬小姐還會及時打電話或登門祝賀，這也是她從未空手而回的祕訣之一。

除此以外，針對不同的客戶，她更總結出不同的銷售技巧。例如，對於外向型的客戶要少說多聽，盡量讓客戶發表意見，自己在適當的時候給予讚美即可；內向型客戶，就需要抓住客戶的興趣點多說，打開客戶的「話匣子」；而越是刁難、難搞的客戶，就越有購買意向。萬小姐並沒有像其他業務員一樣苦口婆心地勸說客戶購買，但業績卻

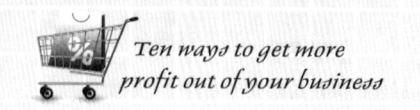

比他們都要亮眼。

就這樣，萬小姐時刻兢兢業業，穩坐公司「銷售冠軍」，雖然每天面對的客戶很多，但她在工作時總能井然有序，從事汽車銷售的第二年，即被任命銷售經理，第四年被任命為公司銷售總監。四年來，萬小姐總結出自己的銷售祕訣就是：重視服務，把客戶當朋友，賣車就像聊天，虛心地向客戶請教，讓客戶有成就感。

萬小姐的四年銷售經歷，給了我們哪些啟示？

身為業務新手的你，不要擔心自己沒有多少經驗，不懂銷售技巧，要知道許多成功人士都是白手起家的。所以，對於自己不懂的問題或沒有具備的知識，就把握一切可利用的時間，為自己補充營養，同時多做自我反省、經驗總結，透過實踐來完善和提升自己。除此以外，還要保持細心、認真、謹慎的工作態度，這樣你才能在事業的道路上越走越遠。

那麼，萬小姐身上有哪些優點是值得我們學習、借鑒的呢？

❶ 要從客戶的實際需求出發

萬小姐在其中一次銷售中，面對客戶的一言不發，只留下一個聯繫方式就離開了。最後她鼓起勇氣，主動打給客戶，向對方詢問出了原因：原來是因為自己沒有根據客戶的需求來銷售，而白白浪費了一次機會。由此可知針對需求做銷售的重要性。

超業們都知道，客戶是否決定購買產品，關鍵在於他是否對產品存在需求，或是對產品存在哪方面的需求。只有了解客戶真正的需求，然後根據需求，推薦他需要的產品，客戶才會樂於掏錢購買。

Lesson *1* 心理素質——
最棒的業務員都有一顆積極、敢衝的心

❷ 不斷充電並及時進行自我檢討

做銷售並不容易，但萬小姐並沒有放棄，而是一邊利用時間學習知識，一邊積極自我檢視在工作經歷中所得到的一些經驗，為取得好業績打下堅實的基礎。

由於市場時刻都在變化，以前學的專業知識已無法滿足客戶的需求，那些簡單的銷售技巧，客戶也早已熟知。為了能盡快適應環境的變化，業務員應該及時為自己「補充營養」，跟上時代發展的步伐。在工作之餘多進行檢討，從親身經歷中總結出一些經驗教訓，成為你銷售事業中最寶貴的一筆財富，讓你受益匪淺。

❸ 微笑是最好的親和力

每次客戶上門，萬小姐總毫不吝嗇地投以微笑，不僅拉近與客戶間的距離，也讓溝通更加順暢。

微笑就像暖春的陽光，給人親和力的同時，也讓客戶感受到你發自內心的真誠。微笑更是一劑能化解人際交往隔閡的良藥，無論是多麼生氣、多麼刁鑽的客戶，只要你露出最真誠的微笑，誠懇待人，那客戶也會被你的笑容感染，對你投以迷人的笑臉。所以，在銷售過程中，業務員千萬不要吝嗇展開笑顏，要知道你的微笑相當具有感染力！

❹ 管理好客戶資料

萬小姐將客戶的資料分門別類，及時進行修改、補充、完善，大大提高自己開發客戶的效率。另外，針對不同的客戶，萬小姐還總結出一套實用的銷售技巧，成為她提高銷量乃至業績長紅的「法寶」之一。

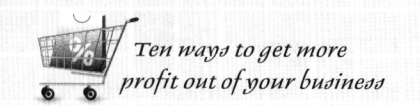

工作之餘，及時對客戶的資料進行完善的整理，並在重要喜慶節日送上溫馨的祝福，更容易贏得客戶的「芳心」，牢牢抓住客戶，這樣他們才會在關鍵時刻，讓你贏得訂單，創造高業績。

Lesson 2

職業形象

Ten ways to get more profit out of your business

重視業務員該有的形象

Ten ways to get more profit out of your business

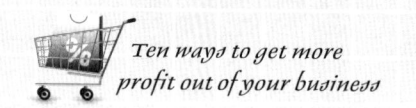

銷售諮詢室

我刻意打造形象，為何仍無法給客戶留下好印象？

★ Requesting for help ★

　　Dear 王老師您好！我是 Emily。我在唸大學時就拜讀過您的作品，但一直沒機會去聆聽您的演講，實在很可惜。現在有這樣一個機會，我希望能彌補之前的遺憾，透過這種方式得到您寶貴的指點。

　　我畢業後便從事業務工作，逐漸拓展自己的事業，前前後後也已經兩年多了，但一直以來都有個問題困擾著我。現在我做的是藥廠業務，每天進出或大或小的醫院，約見院方的相關負責人，有時還要與一些研發專家會面，讓我長了不少見識。而且我認為業務的形象很重要，尤其是女孩子，所以我對自己的形象特別看重。

　　我每次去拜訪客戶時，都會精心打扮，希望把最好的一面展現給客戶。但讓我苦惱的是，我的用心並沒有替我帶來相應的回報，相反地，有些客戶與我洽談一次後就不見蹤影，即便是與對方通上電話，得到的回應也是百般推辭，彷彿是避之唯恐不及。

　　我很苦惱，為了工作，我在個人形象的打造上花了大量的金錢和精力，沒想到卻效果甚微。我自認自己的口才還不錯，也熟悉醫療知識，外型長得也不錯，再化上妝，可說是很漂亮，但為什麼有些客戶見了我第一面後，就不願繼續與我談下去了呢？希望王老師能給我一些意見，謝謝。

Lesson 2 職業形象──
重視業務員該有的形象

Dr. Wang's advice

Emily 妳好。看到妳的來信，字裡行間都透露著焦急和困惑。妳相當在意自己的形象並沒有錯，只是妳在這個問題上存有一些盲點，就妳的情況，我提出以下幾點建議供妳參考。

❶ 精神形象也很重要

首先，你要清楚一點，好的相貌並不代表好形象，好形象是外在和內在的整體表現，它包含好的內在精神、得體的穿著打扮和大方的舉止，若一味地著墨在外表上，反倒是錦上添花了！不可否認，業務員有好的相貌對促成銷售有一定的推進作用，但它一定是建立在前面提到的兩個條件之後的，如果僅有好的相貌和妝容以及華美的衣服，那也很難給客戶留下好的第一印象。你可以請朋友客觀地給你一些意見，看看自己在哪方面還有不足，並想辦法改善。

❷ 職業形象要符合自己的風格

不知道你所提到的得體和漂亮是基於哪一點，如果把流行當成漂亮，那你在銷售上頻頻吃閉門羹就不足為奇了。其實一個好的形象並不是獨立的，它還要符合業務員的身分，當你在打造形象時，一定要了解自己的風格和氣質，選擇適合個人氣質和風格的服裝、妝容和舉止，而不是仿效別人的裝扮和風格。只有讓一切襯托自己的風格，才能凸顯你的個人 style，進而形成一種影響力，影響到你的客戶。

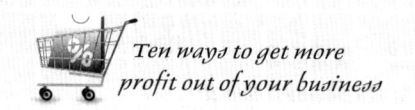

③ 打造形象要以具體生意和客戶為出發點

　　銷售不同產品的業務員會有不同的形象，在不同的銷售情境下也會以不同的形象示人，例如，從事高級精品業的業務員就要打造時尚的形象；銷售傳統消費品的業務員，比如電器等，就要穿著內斂穩重的服飾；若是到工廠洽談，就要穿得樸素一點；如果去高級商務會所洽談生意，自然要選擇質感優良的套裝和配飾。要記住，業務員在打造形象時，要以產品和客戶為出發點，做到能收能放，能驚豔也能樸素。

　　希望我的建議有助於你解開困惑，消除工作中的障礙。

★ Case analysis ★

　　相信不少女業務員都像 Emily 一樣，曾遇過類似的問題，男業務員也有可能陷入這種困擾，在此特別提出來說明。

　　其一，好的銷售形象是業務員綜合素質的體現，包括好的精神內在、合宜的待人接物、良好體態等外在表現；也包括睿智的頭腦、幽默的談吐等內在能力的體現，若有任何一個方面做不好，都不能稱之擁有良好的職業形象。

　　其二，業務員塑造良好的職業形象是為了影響客戶，而不是單純地向客戶展示光鮮亮麗的自己。良好的職業形象要充分利用，才能發揮事半功倍的效果。

　　Emily 將打造職業形象視為一種工作態度，這點很好，但大家需要注意的是，方向對了還不夠，更要有正確的方法，正確培養每一項素質，這樣才能有好的效果。

Lesson 2 職業形象——
重視業務員該有的形象

2-1 穿著、打扮，是你的第一張名片

　　穿著打扮對業務員來說，不僅展現出專業的外在形象，更能在客戶心中留下良好的第一印象，成為順利成交的重要關鍵。

　　職業，是一種身分的象徵，而穿著又是業務員的一種職業象徵。所以，業務員在穿著上必須有一定的要求。有的業務員口才、相貌都一般，但因為穿著得體，而贏得客戶的好感，讓客戶願意與其繼續溝通；反之，有的業務員雖然能說會道，但不注重細節、衣著隨意，以致在陌生拜訪時，經常遭到客戶無情的拒絕，碰一鼻子灰。

　　舉一個例子，假如我們去吃下午茶，看到糕點師穿著雪白整潔的制服，我們肯定會很放心地坐下來品嚐糕點；反之，如果糕點師的穿著骯髒，滿手油污，我們還能安心品嚐嗎？答案自然是否定的。同樣地，業務員在拜訪客戶時，穿著會在第一時間向客戶傳達豐富的資訊，而這些資訊往往是客戶決定是否與你繼續交談的關鍵。

　　甚至有人說，穿著就是業務員一張極具說服力的名片，那該如何運用好這張名片，使其發揮得恰到好處呢？

❶ 選擇服裝，要考慮自己的身型

　　根據自己的身型選擇合適的服裝，這是業務員在衣著打扮上首要注意

的。有的業務員明明很胖,卻總是喜歡買小一號的衣服,認為這樣更能顯示出俐落、幹練的特質,過於鬆垮休閒的服飾顯示不出對客戶的尊重,殊不知過於貼身的衣服,反而會讓自己的身材原形畢露,壞了自己的形象。

所以,在著裝前,一定要充分了解自己的體型特點,利用服裝搭配來揚長避短,穿出得體的服裝,展現最佳的自己。

成交必殺技

- 業務員的服裝款式應該簡單些,盡量避免誇張、新潮、不適合自己的服裝。
- 體型肥胖的業務員,最好選擇能修飾身型的款式,忌穿小領口的服飾;身材較為瘦小的業務員,則要穿淺色系的服裝。
- 在選擇服裝的質料時,切忌太薄或太厚,最好選擇比較柔軟的布料。

❷ 穿與年齡相符的服飾

一位四十歲的業務員如果穿著牛仔褲、T恤去見客戶,會給客戶一種不穩重、無法信任的感覺。年齡是任何人選擇服飾時都必須考慮的因素,所以,在拜訪客戶時要特別注意,選擇與年齡相符的服裝,不要奇裝異服。

成交必殺技

- 年輕的業務員應該穿著素雅、簡單的款式,給客戶穩重踏實的第一印象。
- 中年的業務員,在選擇服裝時,款式可以新穎、顏色可以明亮些,讓自

Lesson 2 職業形象——
重視業務員該有的形象

己看起來充滿活力。

- 年齡較大的男業務員在衣著打扮上要突顯沉穩特質，女性業務員服飾的顏色則不宜太過花俏艷麗。

③ 拜見不同的客戶，選擇不同的服裝

業務員每天要接觸各形各色的客戶，客戶的職業不同，地位往往也不盡相同。因此，根據不同的客戶類型，選擇不同的著裝風格，不僅可以拉近雙方的心理距離，還能讓對方有被尊重的感覺。

成交必殺技

- 在拜訪某企業老闆或很有地位的客戶時，最好穿著正式服裝，並謹守時間，準時抵達。
- 若接觸的客戶是知識分子或中產階級時，業務員的服飾打扮還是要以中規中矩為原則。
- 若面見的是普通的客戶，穿著可以稍稍自在些，但要注意乾淨、整潔，避免與客戶有太大的反差。
- 如果你銷售的是低價格產品，面對的客戶是街頭巷尾的阿姨、媽媽時，最好穿具有品牌標識的制服或是有親和力的普通服飾。

④ 服飾要與場合相符

到什麼山上唱什麼歌，場合不同，業務員的服裝也要跟著變換。要知

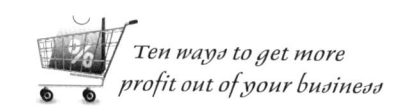

道，業務員的外在形象是一張銷售自己的「名片」，只有「名片」做得好，才能給客戶留下一個深刻的印象，那些優秀的業務員之所以能贏得客戶的好感，就是因為他們「識大體」，懂得隨機應變，能根據與客戶約定的場合不同，穿著合適的服裝。

成交必殺技

- 業務員在參加正式會議、出席晚宴等正式場合時，男士要穿質感較好的西裝並佩戴領帶，女士則應該選擇正式的套裝或晚禮服。
- 朋友聚會、郊遊等非正式場合，業務員即便與客戶見面，也可以穿休閒服飾或運動套裝。
- 正式拜訪客戶時，則要穿單一色系的服飾，不要太保守，也不能太時髦，以免讓對方對你產生呆板、庸俗的觀感。

❺ 與客戶的衣著不要反差太大

一位業務員去拜訪一位大型機具的機械師，為了給客戶留下良好的印象，他穿西服、打領帶，把自己的皮鞋擦得閃閃發亮，精神煥發地去見客戶，沒想到最後等來的客戶卻穿著滿是油污的工作服，頓時讓業務員非常尷尬，最後當然是無功而返。

這名業務員之所以失敗，就在於他與客戶的穿著形成鮮明的對比，拉大了與客戶之間的距離。因此，與客戶的穿著合時合宜是最明智的做法。

Lesson 2　職業形象──
重視業務員該有的形象

成交必殺技

- 在拜訪客戶前,事先將客戶的職業、工作性質等基本資訊登記在冊,根據這些資訊,仔細斟酌,為自己的穿著擬定不同方案。
- 鏡子是一個很好的練習夥伴,在面見客戶時,你可以先在鏡子前整理儀容,務必給客戶煥然一新的感覺。

客戶之所以購買你的產品,就是因為他們認同、信任你,如果客戶對你反感,就算你的產品品質再好,價格再優惠,客戶也可能會透過其他業務員購買。所以,在與客戶交往時,一定要留意自己的服裝儀容,給客戶留下好印象的同時,也為自己省去很多不必要的時間和麻煩。

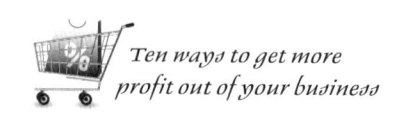

2-2 95％的第一印象透過儀表建立

日本銷售界流行這樣一句名言：「若要成為第一流的業務員，就要先從外表、儀容的修飾開始。」可見，業務員的形象在整個銷售中至關重要。

有經驗的資深業務都知道，銷售的過程不僅是在銷售產品，更是在推銷自己。所以，業務員的形象直接影響到銷售的成敗；一個好的形象，能吸引數以萬計的潛在財富，讓你的工作如魚得水，順暢無比。

❶ 髮型宜整潔合適

業務員的工作每天都要與客戶打交道，如果你不修邊幅、生活懶散，很難贏得客戶的尊重，更別說信任了。因此，出於職業要求，業務員的髮型不宜太過突兀或標新立意，頭髮乾淨、整潔為主要原則。

成交必殺技

- 女業務員的髮型奉行中庸原則，應選擇短髮、燙髮、馬尾等保守造型；過肩長髮一定要紮束腦後，不可披頭散髮，給人一種隨便、不專業的感覺。同時，瀏海不能過長遮住眼睛，且不染過分誇張的髮色，應以單色或深色為主。

- 男業務員的髮型，頭髮長短適中，切忌剃光頭；髮型不能太新潮或太過時，符合平常人的審美觀點即可。同時，髮油、髮膠之類的應塗抹適量，

Lesson **2** 職業形象——
重視業務員該有的形象

以避免油頭粉面，使客戶產生厭惡之感。

❷ 臉部修飾潔淨自然

業務員在和客戶面對面交流的過程中，臉部表情無疑是一種至關重要的無聲語言，能起到「無聲勝有聲」的效果。

臉部表情重要，臉部修飾同樣也非常重要。如果業務員老是蓬頭垢面，即使態度再誠懇，也會令客戶側目，甚至產生反感。

成交必殺技

- 業務員臉部修飾的第一原則就是潔淨，保持衛生和自然，千萬不能東施效顰，最後適得其反。
- 女性業務員帶著合宜的淡妝是對客戶的一種尊重。但在客戶眼裡，西施可以「濃妝豔抹總相宜」，業務員只能化淡妝。
- 定期做臉部皮膚、鬍鬚、眉毛等部位的檢查和清理，能給客戶朝氣蓬勃的感覺。
- 女性畫淡妝時，口紅、眼影等的色調須合宜自然，切勿過於豔麗。
- 不論男、女業務員都可以使用香水，但一定要確保香水的氣味不能過於濃烈、刺鼻，以給客戶一種清新的感覺為原則。

❸ 穿著統一，有一致性

在很多公司，業務員都有統一的制服，這一方面能營造協調、有制度

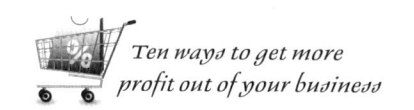

的專業氛圍；另一方面也能增強員工的自信心和自豪感，便於客戶識別，留下深刻的印象。

成交必殺技

- 若公司沒有規範統一的制服時，服裝要乾淨整潔，不穿與工作性質不符的服飾，給人不專業的感覺。
- 工作服的衣袖、衣領處不得顯露出個人衣物，更不能在身上配戴過多飾品，影響工作。
- 穿黑色低跟皮鞋，不得穿拖鞋或球鞋等規定以外的鞋類工作。
- 工作服不能隨意外借或修改，以免破壞公司形象。

❹ 佩戴飾品也要留意

人們在打扮自己時，經常為了美觀、大方，而佩戴一些飾品作搭配。但對業務員來說，佩戴飾品要適當，否則不僅影響工作，還會給客戶一種俗不可耐的感覺。

成交必殺技

- 與客戶打交道時，佩戴飾品應該少而精，這也是尊重「上帝」的表現。
- 穿制服時，不能佩戴任何飾品；穿正式服裝時，更不能佩戴工藝飾品，例如骷髏、刀劍之類的。

Lesson 2　職業形象——
重視業務員該有的形象

　　在銷售過程中，業務員的個人形象就是通往客戶內心的那塊敲門磚。千萬不要小看了自己的形象，其代表的不僅僅是你自己，還有公司產品的品質和品牌的可信度。因此，提升自我形象，是每位業務員進入銷售領域要做的第一件事。

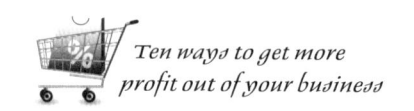

2-3 肢體語言勝過一切

一位心理學家曾說過，無聲語言所顯示的意義要比有聲語言多得多，而且深刻，因為肢體語言通常是一個人下意識的舉動，所以真實性相對較高。在某種情況下，肢體語言還可以單獨使用，甚至表達出有聲語言難以表達的感情，進而直接代替有聲語言。

每個人每天表現出來的肢體動作不下百個，有的是工作或運動所需，有的是本能反應，有些則是必要的禮儀，比如：握手、擁抱、敬禮、鞠躬、微笑等等，這些肢體語言在某種意義上可說是基本的禮貌表現；所以，肢體語言在銷售過程中也能發揮重要的作用。

業務員在與客戶交談時的表情、手勢或身體其他部位的動作，都會向客戶傳遞一些資訊，例如微笑並伸出手代表歡迎；點頭表示同意；皺眉表示不滿；鼓掌代表興奮；揮手表示再見；搓手表示焦慮；垂頭代表沮喪；攤手表示無奈等等。業務員可以用這些肢體活動來表達情緒，別人也可由此辨識出你用肢體所表達的心境。

以下幾種是最基本的肢體語言，也是業務員必須掌握的。

❶ 握手──看似簡單卻很關鍵

這是我們最常用的一種肢體語言，握手看似很簡單，但此基本禮儀卻

Lesson 2 職業形象——
重視業務員該有的形象

相當關鍵。業務員在與客戶見面、說再見時都會用到。所以，當你在與客戶握手前，手部要保持乾爽，如果掌心冒汗，可能會令客戶覺得不太衛生，同時也注意不要來回擺弄手中的物品，那樣不僅不能掩飾你的緊張心理，還會清楚地暴露你內心的緊張與不安。

成交必殺技

- 如果客戶是部門經理或以上級別，就要先用右手握住對方的右手，再用左手握住對方的右手手背，雙手相握以表示對客戶的尊重和熱情。
- 如果客戶是與你同級的一般職員，你只要伸出右手，和對方緊緊一握就可以了。
- 如果客戶是異性，特別是男性和女性握手，只應伸出右手，握住對方的四個指頭就可以，有些女性之所以對男性產生反感，大多都是握手造成，若用力全握或抓住不放，這都是不禮貌的，會給人留下不好的印象。

❷ 手勢——用對了才受歡迎

業務員在與客戶溝通的過程中，有時會不自覺地用到一些手勢，但要注意，有的手勢有助於表達意思，但有的會令人反感。

成交必殺技

- 與客戶交談時，最好不要出現用食指指點對方的手勢，也不要亂揮舞拳頭，這都是不禮貌的。
- 手勢一般不應超過對方的視線，也不低於自己腰部，左右擺動的範圍不要太寬，應在人的胸前或右方進行。除手勢動作不宜過大，次數也不宜

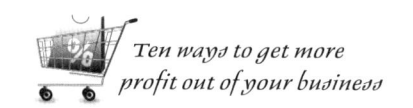

過多或重複。

- 在與客戶交談，講到自己時不要用手指指著自己的鼻尖，而要用手掌按在自己的胸口上。談到對方時，不能用手指著對方，更忌諱背後對人指指點點等不禮貌的手勢。

- 接待客戶時，像抓頭髮、玩東西、看手錶、剔牙齒、掏耳朵等不雅的手勢應避免。

- 很多業務員喜歡將單手或雙手放在腦後來放鬆自己，但如果在別人或客戶面前這麼做，會給人一種目中無人的感覺。

- 與外國客戶做生意時，也要注意手勢的運用。比如，大拇指向上，在中、美國表示誇獎或讚賞，在美國更有搭便車的意思；大拇指向下，在澳洲則表示看不起等等。

③ 體態——勝過語言的溝通

人們常說：「站有站相，坐有坐相。」業務員也應注意這點。在與客戶交談時，如果業務員的行動舉止欠妥當的話，很容易讓客戶覺得你是一個很隨便的人，或對他不尊重；反之，如果舉止合宜恰當，比用語言與客戶溝通更讓其感到真實，也提升他對你的信任感。

成交必殺技

- 站姿：可以模仿軍人稍息的動作，一腳稍微在前，一腳靠後為重點，這樣比較穩重。一般情況下，在客戶面前，腰背部應該挺得直直的，不過在向客戶打招呼或傾聽客戶說話時，最好是自然地做出彎腰動作，這樣更能向客戶傳達出你謙和的態度。

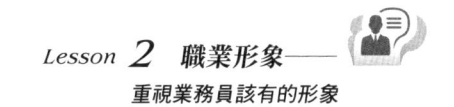

Lesson **2** 職業形象──
重視業務員該有的形象

- 坐姿：拜訪或接待客戶時，有的業務員會因為習慣問題，一坐下來就把兩腿伸得很長，或是翹起二郎腿晃來晃去，讓客戶非常反感，不禮貌不說，還很不穩重，容易使客戶對你產生不信任。正確的坐姿應是以背部接近座椅，在別人面前就座，最好背對著自己的座椅緩緩坐下，必要時，可用一隻手扶著座椅的把手。

- 走姿：走路時盡量不要拖著鞋子走路，或穿鞋跟磨損較嚴重的鞋，這樣顯得你缺乏積極性，且不注重形象；也不能彎腰駝背，這樣會令你看起來沒精神；如果左搖右擺，重心不穩，也會讓你看起來不夠莊重。

❹ 鞠躬──禮貌謙虛的表現

有的業務員去拜訪客戶，雖然看見辦公室還有其他人，卻理都不理地自行坐下，這是很不禮貌的行為。我們都知道日本人很懂禮貌，見面會向大家鞠躬，問聲「大家好！」這點值得我們學習，如果能給周圍的人留下一個很懂禮貌、很謙虛的印象，就更容易談成訂單。

成交必殺技

- 鞠躬前，若戴帽了應先將帽子摘下再行禮。行禮時，目光不得斜視或左右張望，不得嘻嘻哈哈，口裡不能吃口香糖或吃東西，動作不能過快，要穩重、端莊，帶有尊敬的態度。

- 立正站好，保持身體端正，面對受禮者，距離約二、三步遠，以腰部為軸，整個腰及肩部向前傾 15 度～ 90 度（具體的前傾幅度視行禮者對受禮者的尊敬程度而定），目光向下，同時問候「您好」、「早安」、「歡迎光臨」等，雙手應在上半身前傾時，自然下垂平放膝前或身側，面帶微笑，然後恢復立正姿勢，雙眼禮貌地注視對方。

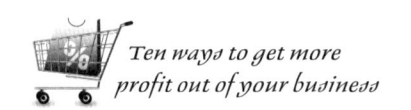

幽默大師薩米・莫爾修曾說過：「身體是靈魂的手套，肢體語言是心靈的話語。如果我們的感覺夠敏銳，眼睛夠銳利，能捕捉身體語言表達的資訊，那言談和交往就容易多了。認識肢體語言，可以為彼此開一條直接溝通、暢通無阻的大道。」業務員在與客戶溝通時，每時每刻都會用到肢體語言，只要多留心、注意生活中的細節，就能很自如地運用這些基本動作，從而提高自己的職業形象。

Lesson 2　職業形象——
重視業務員該有的形象

2-4 禮貌好、談吐佳，拉近彼此間的距離

　　銷售的過程也是業務員與客戶心與心交流的過程，自然免不了禮貌用語的使用。一個高素質的業務員，往往可以透過禮貌用語來增進與客戶之間的感情，贏得客戶的信任，提升自己及產品、公司的良好形象，這樣才有機會拿到訂單。

❶ 稱謂要得體，並非千篇一律

　　業務員在銷售的過程中，要先與客戶打招呼，引起客戶的重視，在稱謂上要留心、注意。

　　當然稱謂並不是千篇一律，「十里不同風，百里不同俗。」有些稱謂在不同的地區，意義往往大相逕庭。因此，在銷售過程中，對客戶的稱謂必須得體，合乎禮節；否則就會造成一連串不必要的尷尬，甚至觸及一些客戶的心理防線，或是踩到地雷，那就真的很失禮了。

成交必殺技

◉ 地位不同，稱謂不同。對於有頭銜的客戶，就要用尊重的聲調說出客戶的姓氏及頭銜，例如「張經理」、「王理事」等；而對於一般的職員或青年，則用先生、小姐稱呼即可。

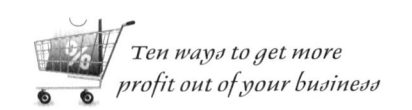

- 稱謂也要入境隨俗。業務員要事先了解客戶的背景，以免出錯，貽笑大方。如果客戶一樣是台灣人或華人，可以直接用「姓＋頭銜」稱呼對方；若是外國人，一般直呼其名即可，只有法官、高級政府官員、軍官、醫生、教授和高級宗教人士等，才會用「姓＋頭銜」。

- 當你稱呼客戶時，不要隨意在姓氏面前作文章，例如：「小王經理」、「老李處長」等，看似親切，實則不然。因為不同的人，對此有不同的理解，若不合客戶心意時，就可能會引起對方的排斥情緒，生意就談不下去了。

- 確定客戶的稱謂後，在談話過程前後稱呼需保持一致。例如稱對方為「張經理」就統一到底，不要一會兒「張經理」，一會兒又「張小姐」，給人不尊重的感覺。

另外，業務員在稱呼客戶時，要時刻保持微笑，舉止大方，不卑不亢，給人平易近人又精力充沛的感覺，更容易感染客戶。

❷ 讚美可消除與客戶的隔閡

美國著名女企業家玫琳‧凱（Mary Kay）曾說：「世界上有兩件東西比金錢更為人們所需要，那就是認可和讚美。」讚美是人們博得他人好感和維繫自己與他人之間關係最有效的一種方法，它能消除人與人之間的摩擦，拉近人與人之間的距離。

在人際交往中，讚美被譽為消除人們隔閡的「潤滑劑」。當然，對於銷售也不例外，在與客戶溝通時，業務員適當地讚美客戶，不僅能活絡氣氛，還能給客戶留下良好的印象，進而增加成交機會。

Lesson *2* 職業形象──
重視業務員該有的形象

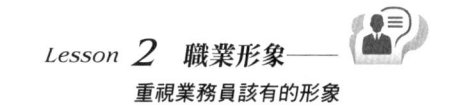

成交必殺技

- 你可以細心觀察客戶的髮型、服飾、衣著或鞋子,從中發現客戶值得誇讚的「閃光點」。

- 讚美要因人而異。平時最好多看書,將書中讚美人的語句抄錄在記事本上,接見客戶前仔細翻閱,就能視時機自然地對客戶加以讚美。

- 讚美要講究場合,合乎時宜。這需要具備隨機應變的能力,比如,在拜訪客戶時,客戶的兒子也在場,這時就不妨讚美:「真是聰明呀,長大了一定和你爸爸一樣做大生意。」兩全其美的讚美之詞,必能加分不少。

- 讚美時,要合乎邏輯,且焦點不能脫離客戶。讚美客戶衣服漂亮,接著可以提到客戶的身材。

❸ 道歉、答謝的態度要真誠

業務員在得到客戶的賞識或是客戶對其提出中肯意見時,一定要及時表示感謝。若因自己的疏忽而怠慢客戶,業務員千萬不能推脫責任,強詞奪理,態度務必真誠,語氣溫和地向客戶致歉,力求客戶的諒解。同時語氣方面要注意,宜請求,忌命令;宜肯定,忌否定;宜讚揚,忌貶低;宜委婉,忌平直。

成交必殺技

- 向客戶道歉時,要時刻保持語調及態度和藹、文雅、謙遜,多用「對不起」、「謝謝」等禮貌用語。

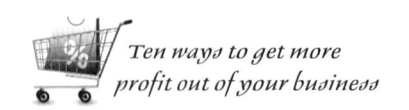

- 客戶指責時,要隨聲附和,頻頻點頭;對客戶的看法表示首肯時,則微笑點頭回應,或用「嗯」、「對」、「您說的有道理」等來回應。
- 拜訪客戶時,準備好紙筆,隨時將客戶意見記錄下來。

④ 絕對不能說的話

俗話說:「良言一句三冬暖,惡語傷人六月寒。」在很多情況下,業務員往往會因為一句話,而造成傷害,引起客戶的不滿與投訴,不但影響自己的業績,也損壞公司的形象。因此,在銷售過程中,業務員一定要留意,不要誤踩地雷。

當然,在銷售工作中,不僅要熟練掌握這些禮貌用語,還要把「請」、「謝謝」、「您好」等基本禮貌用語與銷售技巧緊密結合起來,時時掛在嘴邊,才能為你的成交畫龍點睛,順利取得業績。

Lesson 2 職業形象──
重視業務員該有的形象

2-5 打造超強磁場，讓對方主動與你靠近

　　銷售是從被拒絕開始的，但要怎麼讓客戶從拒絕變為接受，甚至喜歡上你，心甘情願地購買你的產品呢？答案就是你的氣場！那什麼是氣場？具體來說，就是一個人的個性或言行舉止形成的個人魅力；而在銷售中，氣場自然是業務員在和客戶溝通的過程中，改變、影響客戶心理和行為的能力。當然，業務員的這種氣場，必須是透過知識、品格等散發出來的一種強大內在力量。

　　在人際交往中，氣場是一種氣勢，能營造一種吸引眾人矚目的影響力，足以力挽狂瀾，甚至翻江倒海。因此，若想有突出的業績，單憑銷售技巧是不夠的，你必須擴大自己的氣場，化被動為主動，讓客戶的需求化無為有，這樣你才能掌控銷售大局，獲得客戶的芳心。

　　那又該如何提升和擴大自己的氣場呢？

❶ 熟知產品，不做「門外漢」

　　在與客戶交流的過程中，如果你對產品有很多相關知識不了解、不清楚，甚至從沒聽說過，那你就很難得到客戶的青睞。若被客戶問得啞口無言，會讓客戶認為你的產品沒有權威性，根本勾不起他的購買欲望，你的氣場自然也被人大降低了。

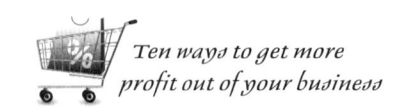

Ten ways to get more profit out of your business

但反過來說，如果你的專業知識非常足夠，能幫助客戶解決許多疑慮，客戶也會對你產生一種信任感，那成交自然不在話下。

成交必殺技

- 熟知專業知識。比如：產品的特性、功能、特點等，要熟記於心、靈活運用，銷售技巧、基本行為規範也要牢記，並在工作中實踐。
- 了解產業最新動態。每天上網，或購買一些與本業相關的書籍、雜誌，養成閱覽的習慣。關於市場上同類產品的現況與趨勢，產品相關產業的發展等，都是你要了解的內容。
- 觀察市場動態，研究應對策略。你銷售的產品市場狀況如何，產品的發展方向怎樣，採取什麼樣的市場戰略，都是你必須考慮的問題。

❷ 學會製造快樂，強化親和力

什麼是親和力？就是你能輕而易舉地拉近與客戶的心理距離，甚至能為客戶帶來快樂的能力。沒有誰會願意和一臉苦瓜相，心態悲觀、消極的人多聊幾句，更何況是客戶來買東西，你若不用快樂感染他，他又怎麼會心甘情願地購買你的產品呢？所以，要增強自己的氣場，就必須學會製造快樂，並感染客戶。

❸ 用發自內心的熱情感染客戶

熱情同樣能使人產生一種由內而外的力量，形成一種氣場，這種影響力越大，氣場越足，也就越能感染人。為什麼那些在演講時熱情四射、慷

Lesson 2 職業形象——
重視業務員該有的形象

慨激昂的人，能迅速吸引觀眾的目光呢？就是因為他們的那種熱力，感染了觀眾。因此，若想讓客戶被你的氣場所折服，願意購買你的產品，那就一定要具備充足的熱忱，當然這種工作熱情必須發自內心、油然而生，這樣才能吸引更多人。

那作為業務員，要如何維持工作熱情呢？

俗話說得好：「興趣是最好的老師。」只有你喜歡並瘋狂地愛上銷售，才能產生足夠的工作熱情，毫無顧慮地投入到工作之中，進而動用自己及身邊一切有效資源製造影響力。當然，光有興趣是遠遠不夠的，還要找準時機為自己「充電」，自己不懂的問題就求助主管、同事，或查閱相關資料，當你真正豁然開朗之後，心中就會具備一份成就感，以此來保持對銷售工作的興趣。

最後，你還要每天讓自己充滿熱情，並把這種熱情傳遞給客戶，你會發現有意想不到的收穫。但要注意，你的熱情要發自內心，大方得體，切不可過於刻意，以致弄巧成拙。

❹ 鍛鍊你的持久力

持久力，顧名思義就是口語中所說的毅力、耐力，俗話說，耳濡目染，也就是在持久力影響下形成影響力的現象。縱使是水珠，也有水滴石穿的毅力，若想成交，業務員也要擁有這種能力，唯有如此，你才能真正動搖、顛覆客戶的拒絕意向。

成交必殺技

● 堅持每天早起鍛鍊身體，例如跑步、騎腳踏車等，但一定要沖完澡再去上班，並適當噴點氣味清新的香水，給客戶活力四射的感覺。

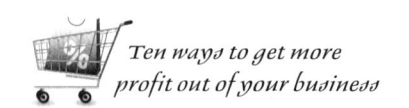

- 見客戶時，做好身邊的每一件小事。例如，客戶接電話時，自己要停頓並暫時保持安靜；客戶倒水給你時，要用雙手主動接過水杯……等等細節問題要做好。

- 對產品和服務的信心不動搖。每天面對鏡子中的自己問幾個問題：「這次的拜訪順利嗎？」、「客戶會接受我嗎？」、「我的產品夠優秀嗎？」千萬別猶豫，明確而肯定地告訴自己：「一定會的，我絕對做得到！」

- 培養和提高對銷售的興趣。每天閱讀一些關於銷售的書，學習書中經典案例所透露出的道理，加以實踐、操作，如此一來，工作就會越來越順手，對銷售的熱情也會因此高漲，興趣自然就慢慢培養起來。

- 強化你做業務的動機。仔細想想你做業務的動機是什麼，是獲得高回報？還是透過銷售實現自己的夢想？把你的真正動機記錄在時刻看得到的地方，且最好用粗筆記錄。

可以這樣說，氣場足以改變一個人的生活，甚至決定一個人的命運。同樣在銷售中，它能讓你占盡先機，處於絕對的主動地位，從而掌握客戶的一舉一動，輕鬆擄獲客戶，賣出產品。因此，在銷售中，業務員一定要努力提升和擴大自己的氣場，讓它變得無處不在。

Lesson *2* 職業形象——
重視業務員該有的形象

銷售加分題

應徵業務最常見的二十道面試題

面試是一種經過公司、企業單位精心設計，在特定地點，以考官對應徵者的面對面交談與觀察為主要手段，由外及內來評估應徵人員的知識、能力、經驗等相關素質的一種考試活動；面試是公司挑選員工一種相當重要的方法。

對於業務這一行業來說，競爭是激烈的。企業的考察往往涉及到各方面，除了考察銷售技能這些「硬體」之外，企業更注重應聘者的「軟體」，比如：人際交往能力、團隊合作能力等。因此，業務員一定要提前做好充分的準備，一方面了解企業的概況、文化等，展現良好的第一印象給考官，同時要放鬆心情、心態平和、充滿自信地參加面試，這樣的狀態才能回答出讓考官滿意的答案；另一方面，應徵者還要注意自身的禮儀，掌握好握手、鞠躬等肢體動作的妙用，讓你的面試事半功倍、錦上添花。

另外，還要注意態度誠懇，不要吹嘘，更不能胡編亂造，因為面試的考官都有著豐富的經驗，他們甚至是這方面的專家，過於魯莽只會讓你失去面試的機會。

以下二十道面試題是面試中最常見的問題，相信對於業務主管招聘業務員也有所助益。

自由發揮——基本題

❶. 請先自我介紹

「自我介紹」幾乎是所有考官都會問的題目，這是在考察應徵者自我銷售的能

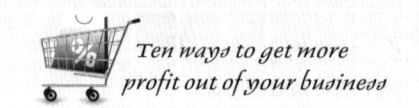

力。在回答時一定要注意，以真實為基礎，表達要清晰、有條理，避免冗長、毫無重點的陳述。且陳述的內容一定要與自己的簡歷相符，重點突顯與應聘職位相符的優勢，因為這些才是企業最感興趣的資訊。

❷. 你為什麼要轉職？請用最簡潔的語句描述以前的工作經歷與工作成果

這是在考察應聘者的求職動機是否合理，以及其語言組織、概括、表達能力、肢體語言等方面。

因此，在提及上一份工作時，千萬不要恣意批評前主管，更不能說前公司的壞話，否則只會讓面試官對你產生反感。當然，在描述工作經歷與成果時，一定要聚焦重點、層次分明且簡潔扼要。

❸. 你最大的優勢和弱點是什麼？能對我們企業帶來什麼影響？

這個問題是在評估你的個人表達能力及認識能力。在回答的時候，可以突出自己的優點，強調自己的能力適合做銷售，同時，說話要機智，具備一定的應變能力，可以適當加點小幽默，展示自己的口才能力，這在銷售中是非常重要的。例如，你可以說：「從長遠角度看，我最大的優點就是隨機應變能力，在任何場合都能找到突破口；我最大的缺點就是對於沒有秩序感的人，缺乏足夠的耐心。而我的協調組織能力比較強，相信可以幫助企業規畫出更多合適的銷售方案，早日實現銷售目標。除此以外，我的人緣、團隊合作精神良好，和同事肯定能相處得非常融洽。」

❹. 什樣的工作環境是你求職的第一選擇，你為什麼會選擇我們公司？

這是主考官在考察應徵者對自己以及公司的定位是否明確，是不是有盲目應徵、亂槍打鳥的情形。

回答時，最好借助企業文化、特點進行滲透，表明貴公司就是自己最佳的求職選擇，以此贏得面試官的好感。因此，你必須事先了解應聘公司的相關狀況，這樣在回答時才能有條不紊。

❺. 你為什麼會認為自己能勝任這份工作呢？

Lesson 2　職業形象——
重視業務員該有的形象

這是考官在給應聘者一個暢所欲言的機會，考官可以根據你的回答，從中判斷出你對這個職位是否有足夠的信心與幹勁。你在回答的時候，一定要表明自己對這份工作的積極與熱情，有信心克服工作中遇到的任何困難。

「幾年來，我一直在這樣一個職位鍛鍊自己，並時刻關注貴公司的動態，一直希望有這樣一個面試的機會。另外，從我的經歷、具備的技能方面來看（簡單講述一個這方面的經歷），我覺得自己非常適合這份工作，絕對有能力做好。

銷售技巧——實務題

6. 關於銷售，你最不喜歡與最喜歡的部分是什麼，為什麼？

這題應徵者可以自由發揮，你可以說喜歡成交後的喜悅，不喜歡與難纏的客戶打交道。當然，每個人的性格不同，喜好自然也有所不同，但記住，千萬不要犯一些禁忌性錯誤。比如，銷售是一項找到客戶需求，解決客戶疑慮，進而促進雙方成交的工作，所以你千萬不能說自己沒有耐心，個性比較內向，不喜歡與人打交道，這樣不就是在告訴對方你不適任這份工作嗎？

7. 若想利用老客戶為自己介紹新客戶，你有什麼方法？

其實方法有很多，關鍵是你要能結合自己的經歷進行說明。比如說，在特殊節日裡為客戶送份祝福，郵寄一份小禮物；時常與客戶保持聯繫，定期詢問產品的使用狀況；售後服務是否做得全面、到位等等。

8. 在工作中，如果你與主管的意見發生分歧，你會怎麼辦？

這很明顯是在考察你服從主管以及表達自己意見的能力。當然，主管的意見不能不聽，所以要在尊重主管意見的前提下，權衡主管與自己的意見，分析利弊。如果自己的意見更好一點，那就和主管進行良好的溝通，委婉告知主管，以得到主管的贊同；反過來，如果主管的意見優於自己，那為了公司的利益，就要完全服從主管。

9. 如果你的下屬沒有完成你交辦給他的任務，但老闆急著要，這時若怪罪

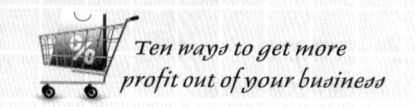

下來，你會怎麼辦？

這題是要考察你與下屬的溝通能力與責任心，下屬若沒有完成任務，你也有監管不周的責任，所以，要從自身找原因。

⑩. 你對自己未來三至五年的職業生涯進行規劃了嗎？具體規劃為何？

這主要是考察你對自己的未來管理，是否會影響到公司業績以及你對公司的忠誠度，這是必不可少的問題。因此，你可以事先制定好一份詳細的事業生涯規劃，做好準備。即便沒有事先準備，也要保持沉穩、冷靜，及時整理出思路，說出自己大致的目標。

⑪. 如果你從事了這份工作，你會怎樣完成自己的業績目標呢？

其實，這是在考察你的目標分解能力，將自己的長遠目標分解為短期目標，精確到每天，只要按部就班進行工作即可。

⑫. 想要成為一名優秀的業務員，你認為哪些素質是必需的？

優秀業務員要有的素質很多，所以你要注意到有哪些是「必不可少」的。總結起來，大致就四點：良好人際交往的公關能力、堅不可摧的自信、高超的銷售技巧、嚴謹的工作態度。

⑬. 你曾遇過最困難的銷售經歷是什麼？有什麼收穫呢？

回答時，只要把握住「最困難」這一點，那這個問題相對說來就簡單許多。因為這些事我們往往都有很深刻的印象。但注意，這其實設置了一個陷阱，暗中考察你面對問題的處理技巧及能力，所以，舉出正面、成功的例子較好。

⑭. 如果你將產品銷售給客戶之後，客戶一直向你抱怨產品很糟糕，這時你會怎麼做？

銷售中難免遇上這樣難纏的客戶，考官就是在考察你處理客戶異議的能力。回答時不要陳腔濫調，一味說自己會處理好，只憑嘴上說是不行的，要著重強調

Lesson 2　職業形象──
重視業務員該有的形象

處理的方法。

⑮. 對於上一份工作，你有超前完成任務的情況嗎？你總結出什麼原因了嗎？

在回答時，請實事求是，否則你接下來的謊言將會被一一打破。考官會根據你的回答，得出你的銷售能力，當然，超前完成任務有時候是與機遇分不開的，但絕大多數還是與自己的方法、技巧運用相關。

情境再現──實戰題

⑯. 在一次招標會議上，你的競爭對手當著你和很多客戶的面，將你的產品說得一文不值，這時你會如何因應？

這題是要評估你的大局意識及隨機應變的能力。在銷售中，難免會與競爭對手同台，這就需要你隨機應變，從競爭對手那將單子搶回來。最好的辦法就是及時找出對方的「漏洞」，並由此展開話題，向客戶介紹產品的優點。

⑰. 請把桌上這張成本為 0.1 元的白紙，以高於 50 元的價格賣給我。

這是在檢視你的銷售技巧與隨機應變的處事能力，你只需把考官當成客戶，然後找到方法，將成本低廉的白紙變成是對客戶有益，或是能為客戶帶來利益的產品即可。比如，在白紙上寫上對客戶公司的建議等。

⑱. 你的主管提前告知，請你某天送他去機場出差，對於這個機會你也期盼已久，但不巧的是你在準備去機場前，接到一位大客戶的投訴，要求你馬上趕到他那處理。這時你會怎麼辦？

其實，這在考驗你處理主管關係與服務客戶之間的取捨問題。當然，處理好與主管的關係，對自己的晉升有很大的幫助，但長遠來看，客戶才是你生存、晉升的主要關鍵。因此，你要優先處理客戶的異議，並立即打電話向主管解釋清楚，且找好替代人選送主管去機場。

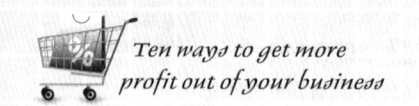

⑲. 你在說服一家公司購買你的產品時，本來一切進展得非常順利。但那家公司堅持使用競爭對手的產品，品質雖然略差，但價格便宜許多，這時你會怎麼辦？

客戶最關心的是自己的利益，此時，你只要羅列出自己產品的優勢，重點聚焦在價值上，讓客戶自行做決定即可。

⑳. 在不知情的狀況下，你不小心與同事爭奪同一張訂單，一直到最後階段你們才發現。這時，你該如何從同事手中得到訂單呢？

這是一個陷阱！其實這是暗中審視你在競爭面前，如何處理與同事之間的關係，同樣也考察了銷售中的雙贏意識。客戶才是銷售工作的最終目標，只要能和同事合作，一同拿下客戶即可，如此一來，你才能得到考官的賞識。

Lesson 2　職業形象——
重視業務員該有的形象

銷售充電站

用形象打造出來的銷售冠軍

　　三年前，小劉剛畢業就進入現任職的服飾公司做業務員，三年後的今天，小劉在業界小有名氣，被眾人視為學習的榜樣；這三年來，小劉十分努力，慢慢成長，現已成為公司的頂尖業務。

　　總經理老愛拿他面試時的穿著作為聘用人才的標準，當天的情況是這樣的——秘書急急忙忙跑進辦公室告訴總經理，有位非常體面的人前來面試，看他的外表與服飾，不像一般人，所以不好意思拒絕。總經理聞言，趕緊請秘書讓對方進辦公室，見到他後確實吃了一驚，看得出年輕人事前的準備相當充分，西裝革履，筆挺的西裝，裡面穿著一件黑色襯衫，搭配著一條暗格子領帶，頭髮整潔乾淨，身上散發出一種自信與活力。無論從哪方面來看，都十分符合服飾公司的要求，因此毫不猶豫地錄用了這個人，現在看來，當初確實沒看走眼。

　　小劉正式成為這家公司的業務員後，對自己的儀容要求得更為嚴格。為了早日實現成為銷售冠軍的夢想，他決定從自己的衣著開始下手，他經常問自己：假如我要成為銷售冠軍，我的外表應該是什麼樣子？行為舉止怎樣才合宜？在找不到答案的時候，他就觀察公司優秀的業務員，看看他們的穿著與工作方式，整理出他們的活動、行為及外表的具體形象，以便找到讓自己更好的方向。

　　每天上班前，他都會在家裡的全身鏡前整理儀容，如果看起來不像一位專業的服裝業務員，那他就會立刻換裝。他也相當注重自己的

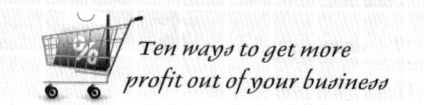

髮型及臉部修容，並把自己的皮鞋擦得閃亮無比；小劉確實因為良好的形象，吸引了很多客戶來向他諮詢，認為他是名相當資深的業務員，非常信任他。

當然，對業務員來說，徒有冠軍的外表，但沒真材實料，業績也不會長久。一位大客戶提到小劉時這麼說道：「他待人很有禮貌，我就是這樣被他征服的。現在，只要是他推薦的產品我都樂意購買。」究竟發生了什麼事，讓客戶對小劉讚譽有加呢？

原來某一天，這位客戶和朋友走在街上，誰知道半路下起雨來，當時恰好在小劉的公司門口躲雨，於是兩人決定假扮客戶，進去避避雨。當他們正要推門進去的時候，門已經自己開了，一位穿著很有品味的年輕人熱情地招呼他們，請他們坐下休息，替他們準備了一杯熱水，並同時送來一份公司的服飾型錄，然後退了兩步遠的距離在旁等候。看著年輕人退到一旁，這位客戶和朋友沒有壓力地翻看起型錄，同時兩人在低聲稱讚年輕人懂禮貌。為了不引起年輕人的懷疑並拖延時間，這位客戶隨便選了一件員工制服要求看樣本，小劉彬彬有禮地請客戶稍候，不到兩分鐘的時間就把樣本取來，在客戶鑑賞的時候，自己又退到一邊等待。就這樣，客戶看了很多樣本，一直到雨停，他們也準備離開，完全沒有要購買產品的意思，顯然小劉是白忙活了一場。

一般情況下，業務員遇到這種情況總是會抱怨，向客戶發牢騷，甚至對客戶出言不遜，但小劉卻很有禮貌地送客戶離開，並向客戶詢問自己的產品在哪方面無法滿足客戶的需求，希望他們能提出建議，自己也好向公司反應。這位客戶對他周到的服務深受感動，於是隔天就打電話給這家公司老總，表明要訂購產品，並且極力要求經理褒獎

Lesson 2　職業形象──
重視業務員該有的形象

這位業務員。

不只是客戶、經理對小劉更是讚賞有加，在同事面前，他也是一個人見人愛的「香餑餑」。當同事接待客戶的時候，小劉就會馬上為同事與客戶送上一杯水；如果同事心情不好，他也會在安慰的同時，幽他一默；對於同事遇到的難題，他也會透過詢問朋友、瀏覽網頁等各種方式來幫助解決。或許正是小劉的外在形象與內在素質的結合，讓自己真正成為一名成功的超級業務員！

我們可以向小劉學習什麼呢？

❶ 服飾要符合職業特質

小劉明白自己應徵的是服飾業務員，如果他穿著不得體，不合乎規範，也不會直接跳過秘書，見到總經理，最終被錄用，可見穿著、打扮的魅力確實很大；同時，也正是因為小劉那不凡的儀表，使自己充滿專業形象，讓客戶對他產生信任。

業務員的形象價值百萬，形象好，才能給客戶展現出一個良好的精神面貌，樹立一個專業的職業形象，吸引客戶的眼球，客戶才會更願意接近你，購買你的產品。

❷ 對客戶要熱情，彬彬有禮

俗話說，禮多人不怪。在銷售中，對客戶彬彬有禮，只會有益無害。小劉以禮待客，讓客戶充分體會到備受尊重的感覺，儘管剛開始沒有打算購買產品，但受到小劉的服務，也可以說是被小劉的氣場所感染，才會主動打電

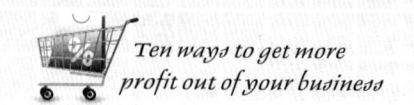

話要求購買產品。

　　接待客戶時，彬彬有禮能讓客戶產生一種親切感，再加上熱情待人，會讓客戶對你進一步產生好感，把自己銷售出去，也意味著你已成功了一半。

　　小劉在銷售上取得成功，完全是因為他注重外表打扮嗎？服裝銷售，客戶首要看的就是業務員的打扮。如果業務員的穿著無法給人美的感受，那客戶又怎麼會樂意購買你的產品呢？再說了，形象是業務員無聲的名片，業務員要時刻注意自己的儀容儀表，包括著裝、禮貌用語等等，這樣才能給客戶一個深刻的印象，讓客戶滿意而歸。

　　當然，業務員實現成交並不僅僅靠自己的形象和著裝，對待客戶還要真誠、負責、有耐心，平時多累積銷售技巧，這樣在遇到其他意外情況，你才能有的放矢，順利談成訂單。

Lesson 3

口才技能

Ten ways to get more profit out of your business

磨練口才,提升業務力

銷售諮詢室

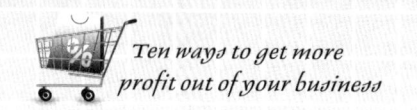

自認口才不凡，為什麼業績拿不到第一

★ Requesting for help ★

　　王老師，您好！我是來自板橋的讀者，我叫程東彥，目前在一家傢俱公司當業務員。我會選擇做業務，完全是因為這行相當符合我的長才，在學生時期就參加各式演講和辯論賽，對自己的口才非常有自信，很多認識我的人也都誇我口才好，所以我就理所當然地進了銷售這個行業。剛開始做業務時我就曾想，憑我的口才，絕對可以把梳子賣給和尚。

　　如今，做業務有三年多了，我十分喜歡這個工作，做得也不算太差，但現實並沒有像我想像的那樣好，我雖然是公認的口才好，可是我的業績卻不是最好的，總在第二名到第四名之間徘徊，這讓我一度懷疑舌燦蓮花在銷售中的重要性。反倒是一名去年才進公司的業務員，竟就拿到一次銷售冠軍，我敢說他的口才絕對不如我，但我又實在找不出自己的問題在哪兒，所以很苦惱，希望王老師能給我一些提點與建議，謝謝！

Lesson 3 口才技能——

磨練口才,提升業務力

Dr. Wang's advice

你好,程東彥:

能有一副好口才,如果不做銷售的確很可惜。非常高興你能投入這個你喜愛,又能發揮特長的工作,好口才在銷售中,的確有著舉足輕重的地位,這一點無需懷疑,你的好成績也證明了它的正確性。

可是你卻忽視了一點,銷售雖然需要好口才,但擁有好口才並不一定能做好銷售,更何況你想做的是銷售冠軍。銷售是一項考驗綜合實力的工作,好口才只是做好銷售的一個條件,所以針對你的問題,我提出以下幾點建議供你參考。

① 多學習業務知識,成為專業的業務員

如果業務員說的話對客戶沒有實質幫助,即便你話說得再漂亮,對方也一樣不喜歡;客戶只歡迎能及時幫助他們解決問題的業務員,能說到重點及關鍵問題的業務員。所以,你要加強對專業知識的學習,像你是賣傢俱的,就要多了解傢俱材質、家飾、擺設風水各方面的知識,使自己的解說既有吸引力又有專業性。

② 學會傾聽

在與客戶溝通的過程中,有時善於傾聽比善說更重要。銷售是業務員與客戶溝通達成共識和雙贏的過程,懂得傾聽的業務員可以得到更多有用的資訊,也可以避免說出不恰當的話,而破壞了良好的溝通氛圍。

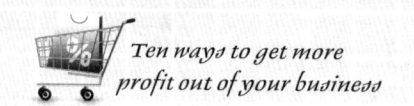

③ 銷售策略很重要

　　巧妙的銷售策略是一種計策的運用，如果能巧妙運用銷售策略，那即便是口才不好的業務員，也一樣能取得良好的業績。當然，如果擁有一副好口才，更能錦上添花。

★ Case analysis ★

　　程東彥的問題在一般業務員身上也很常發生，不少業務員都認為，只要口才好，那業績一定好，針對這一點，我有兩點要說明：

　　其一，口才是一種能力，凡是那些取得業績冠軍的業務員，一定都擁有不錯的口才，但擁有好口才，卻不一定能擁有好業績。口才與好業績並不能畫上等號。

　　其二，好口才不是說得多，而是要能說到關鍵上，好的業務員也許並不是反應最快的，但一定是觀察力最強的。好的口才應該是一種良好的綜合溝通能力，是知識與學養的展現，而不僅僅表現在說上。所以即便是口才不好的業務員，只要經過適當的訓練，也能擁有不錯的口才。

　　有不少業務員也有著程東彥一樣的困惑，為什麼自認為口才很好，卻難以登上冠軍寶座呢？程東彥的情況是目前絕大多數業務員的現狀，有類似問題的業務員一定想知道什麼才是好口才，怎樣才能讓口才助銷售一臂之力，針對這些問題，筆者在此章節整理了一些建議及有效方法，希望能對身為業務員的你有所幫助。

Lesson 3 口才技能——
磨練口才，提升業務力

3-1 業務第一步，練就銷售口才基本功

語言是一門藝術，也是業務員致勝的法寶。在激烈的銷售市場，唇槍舌戰在所難免，尷尬、氣氛僵的場面更是家常便飯，在這種環境下，任何一個業務員都希望能輕鬆地說服客戶，成功取得訂單，但往往不盡如人意。因為只要有一千個人，就會有一千個看法，你認為正確的觀點，有時客戶根本不「領情」，這時若能擁有一副好口才就是關鍵。當然，好口才並不是天生的，是靠自己後天經驗和努力培養起來的；因此，做業務的要努力練好口才基本功，從而提高自己的說服力，順利實現成交。

❶ 掌握好說話的節奏

業務員介紹產品的目的在於傳達產品的相關資訊，只有讓客戶聽清楚你的介紹，資訊才會被順利傳達。所以，當你在說話時，一定要發音準確，咬字清晰，更重要的是語速節奏適中。當然，語速也不能一成不變，否則會讓客戶覺得單調、乏味，從而影響客戶的興趣與溝通的效果。

一般而言，語速不宜太快，也不宜太慢，最佳標準是每分鐘 70 到 90 字。語速太快，雖然表面上節省了雙方的時間，但多多少少會因為發音含糊不清，致使客戶產生疑惑，必須一再重複，反而更加費時；語速過慢，則不利於交流，還會給客戶留下業務員缺乏幹勁的不良印象。

Ten ways to get more profit out of your business

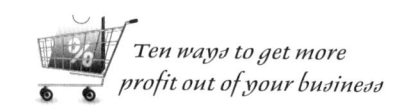

成交必殺技

- 朗讀。每天看一些自己感興趣的書，並大聲把句子朗讀出來，同時可以用答錄機進行錄音，反覆矯正自己的發音。這種方法可以鍛鍊口齒的伶俐，發音準確，咬字清晰。
- 多與人交流。可以在和家人、朋友聊天、談論工作的時候，時刻注意自己的語速，長期調整下來，會有令人滿意的收穫。
- 在聽廣播或是看電視的時候，可以模仿你最喜愛的播音員或主持人說話，這樣你的語速，乃至說話口調與質感就會大幅提高。

❷ 用語調來調劑語言

語調是語言的調節劑，即使語言不同，無法理解時，也可以根據語調判斷對方的喜怒哀樂，有時甚至能控制一個人的情緒。在與客戶溝通時，你可以巧妙地變化語調，讓你的介紹更具魅力，同時還能為銷售錦上添花。

成交必殺技

- 掌握有特色的語調。語氣升高採前低後高，多用於提問、情緒亢奮、宣傳鼓動的情況；聲調降低多用於情緒平穩的陳述或是表願的感歎句中；聲調委婉常用來表達複雜或隱晦的感情；而聲調放平則讓聽者感覺平穩、舒暢。
- 語調要抑揚頓挫，展現音樂美。與客戶交談時，靈活運用疑問、反問、感嘆等口氣與客戶交談，語調富於變化，使細緻的表達更有吸引力。

Lesson **3** 口才技能──
磨練口才，提升業務力

- 控制好說話的輕重快慢。業務員在介紹產品時，說話要輕重適中，對於產品的功能、價格、品牌、售後服務等需要強調的內容，語氣往往要重些，當然，在講述產品的不足之處時，語氣可放輕，一筆帶過，這樣層次分明，才能讓客戶易於接受。

❸ 語句簡潔，才能讓人聽到重點

古人云：「立片言以居要。」真正打動客戶的並非長篇大論，而是那些簡潔有力，又能滿足客戶需求的關鍵。因此，我們要學會用最精練的語言來表達自己的看法，而不是用長篇大論來浪費雙方的時間，折磨客戶的耳朵；簡單明瞭的話往往最能打動人心。

成交必殺技

- 語句簡潔首先要做到長話短說，事先想好產品介紹的重點，然後按產品特點、產品優勢、產品帶來的利益及產品的售後服務逐一介紹產品。
- 中肯實在，不講空話、虛話。對於性格直爽的客戶來說，業務員若愛講空話，會讓客戶覺得你不切實際、愛吹噓，自然不會相信你的產品。
- 說話時，要時刻遵循「意豐、意準、意新」三原則。

❹ 語言生動活潑，更有魅力

呆板、枯燥地解說很容易讓客戶感到乏味，生動形象的語言才能激起客戶的興趣，給他們新鮮感刺激，從而讓你的銷售更加豐富多彩，韻味無

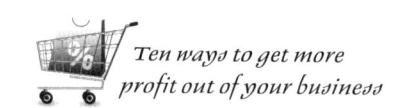

窮。所以，在練就口才基本功時，讓自己的語言充滿活力是關鍵。

成交必殺技

- 根據不同場合，訓練不同風格的應對話術。客戶來訪時，要熱情地說：「歡迎，歡迎。」若是拜訪客戶，不妨謙遜地說：「打擾您了。」而接受客戶幫忙時，勿忘感激地說：「謝謝您。」

- 靈活運用多變的句型，讓語言更加豐富生動。在實際對話中，業務員可以靈活運用非主謂句型，有時可以變換標點符號，以實現句型的轉換。例如，為了突出產品價格便宜，可以將「這件產品值得購買，價格很低！」，轉變為「價格這麼低，很值得買！」語氣就會發生變化，強調的重點也就不一樣，更能讓人形成一種鮮明的對比。

- 多角度展示語言魅力。同樣的事物，不同的人看待的角度不同，理解自然也就不一樣。

❺ 包裝你的語句

「人要衣裝，佛要金裝」，語句也是需要修飾的，適當地對語句進行修飾，可以增強表達的效果，增強感染力和吸引力，更能吸引客戶的目光。當然，對句子的修飾並不是要華而不實，金玉其外，不求真務實，而是要起到美化作用，讓客戶願意聽、喜歡聽，聽了心情會好，只有這樣，才能讓銷售順利進行。

Lesson 3 口才技能——
磨練口才，提升業務力

成交必殺技

- 運用幽默來包裝語句，聽得更舒心。幽默可以在談笑間消除人際互動中的尷尬，還能調整、營造銷售氛圍，取得客戶好感。當然，業務員可以在閒暇的時候，透過書籍、電視、廣播或網路的方式，蒐集一些搞笑小故事、小笑話或是相聲小品類的節目，把覺得實用的例子記錄下來，以便隨時用得到。

- 說話剛勁有力，更具魅力。好口才都是靠練習的，抓住每次鍛鍊的機會，不斷累積、總結，讓自己脫穎而出，用好口才展現自己。你可以每天早起練習，把身邊的小樹、長椅等一些靜態的東西當成自己的聽眾，與之對話、反覆練習。

- 融入感情，更能感動人。感動別人，首先要感動自己，說服客戶時，激起對方的感情共鳴，往往比獨自理性思考更有效。業務員在利用業餘時間看書時，對一些能打動自己的語句或對話，以當事人的心態大聲、有感情地朗讀出來，必要時可以輔以一定的肢體動作。

俗話說：「臺上一分鐘，台下十年功。」誠然，「生意嘴」並不是一朝一夕就能練成的，還必須靠業務員在平時多累積、多鍛鍊，只有掌握好基本功，才能進一步完善說話技巧，提高口才水準，練就說什麼賣什麼的境界。

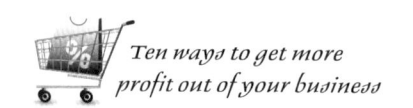

3-2 學會傾聽，讓客戶對你卸下心防

全球知名成功學家戴爾・卡內基（Dale Carmegie）曾說：「在生意場上，做一名好聽眾遠比自己誇誇其談有用的多。如果你對客戶的話感興趣，並展現出現急切聽下去的意願，那訂單通常就會不請自來。」當然，在進行銷售時，業務員要透過陳述，向客戶傳遞資訊；同時也需要傾聽，從客戶那裡獲得資訊。銷售就是一個業務員與客戶之間進行有效互動的過程，而傾聽往往是談成交易的第一步，善於傾聽對業務員來說是最基本、最有效的銷售技巧。那在銷售的過程中，傾聽為什麼會如此重要呢？

其實，對於業務員來說，在面對客戶時做一名好聽眾，一方面可以使客戶產生被尊重，被關切的感覺，讓客戶敞開心扉，暢所欲言地表達自己的要求和想法；另一方面，業務員可以借此機會對客戶進行更通盤的了解，抓住客戶的需求點，化被動為主動，最終「克敵制勝」。

因此，想要成為超級業務王，不僅要培養好口才，還要練就一副「好聽力」，那應該怎麼做，才能有效傾聽呢？

❶ 及時回應，與客戶互動起來

集中精力，認真傾聽客戶說的每句話，是與客戶進行有效溝通的第一步，也是傾聽的關鍵。客戶在購買產品時，絕不會想和無精打采、心思散

Lesson 3 口才技能——
磨練口才,提升業務力

漫的業務員打交道。所以,在傾聽客戶談話時一定要專心,這樣才能激起客戶與你對談的興趣;同時,業務員要在傾聽的過程中,及時回應客戶,否則對方可能會因為得不到你的回應,而認為沒有再談下去的必要,那你就更沒有機會,從他那獲得更多的資訊。

> **成交必殺技**
>
> - 在傾聽客戶說話時,要盡量讓眼睛的位置與對方眼睛保持平視,敢於和客戶對視。
> - 在注視客戶時,要拿捏好分寸,留意注視的時間,若時間太短,客戶會認為你對談話沒有興趣;時間太長,會讓客戶感覺不舒服,而造成誤會,更不能瞇眼或斜視客戶。
> - 在回應客戶時,為了避免不禮貌的插話,業務員可以選擇點頭微笑式的回應。但盡量不要表現得過於誇張,也不要發出太大的聲音,否則客戶會感到彆扭和做作。
> - 傾聽時,應該抓住六個「W」:When(何時)、Who(何人)、Where(何地)、What(何事)、Why(為什麼)、How(如何進行),你才能做出正確的判斷與決策。

❷ 不隨便打斷客戶的談話

傾聽是給客戶充分說話的空間,這樣更能使客戶感受到被尊重,反過來就會更加信任和尊重業務員。且千萬不要在溝通中隨意打斷客戶的談話,這是非常不禮貌的行為,如果客戶在興頭上時被無緣無故打斷,會大大減少他們談話的積極性;倘若客戶情緒欠佳,那無疑是火上澆油,客戶

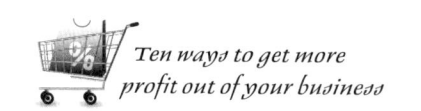

會更為惱火。所以在傾聽客戶想法時，切記不能隨意打斷客戶的談話或插話，更不能不顧客戶的喜好而隨意轉移話題。

客戶談話時，你一定要隨時跟緊節奏，即便你對話題不感興趣，也要積極傾聽。當客戶談話情緒高漲的時候，你可以適時地給予「原來是這樣」、「是嗎」、「嗯」等一些簡單的回應。

如果客戶一直漫無目的地說些與產品無直接關係的話題，也不要冒昧打斷客戶的談話，而是要在適當的時機，巧妙地將話題轉移到銷售中。例如，客戶說：「在我家，平時就媽媽、妹妹我們在家，爸爸總是出差，所以⋯⋯」這時業務員不妨抓住時機：「就是因為人手少，為了減輕媽媽的負擔，看我們這台全自動掃地機，除了掃得乾淨外，還相當省時、省力。」。

❸ 會聽，還要會問

在傾聽客戶談話時，也不是叫你傻傻地一味聆聽，而是要及時總結和整理客戶的談話重點，並在適當的時機給予回饋，以避免自己不小心曲解客戶的意思。另外這種回饋方法，也會讓客戶產生一種被重視的感覺，使他們更願意發表意見，傳達內心真正的想法。

特別需要注意的是，你要在客戶敘述完整的一段意思之後再提問，提問時，也要圍繞產品的銷售問題進行提問，不要涉及客戶的隱私或其他無關緊要的話題。

❹ 傾聽，禮多人不怪

良好的傾聽禮儀既可表現出自己的內在涵養，也可以讓客戶感到受尊

Lesson 3 口才技能——
磨練口才，提升業務力

重，有助於業務員與客戶進一步交流，順利成交。

成交必殺技

- 在傾聽時，身體可以稍微朝前傾，表情自然並微笑，給客戶一種「我在認真聽」的感覺。
- 傾聽時，要保持和客戶視線接觸，不東張西望、眼神飄忽，表示贊同時，要點頭、微笑。
- 與客戶溝通時應提前準備好紙筆，將客戶的意見記錄下來。

　　傾聽，是業務員用來挖掘與客戶之間的共同興趣，讓客戶對你產生信任感的最佳工具，只有在傾聽客戶談話的時候，你才能掌握他們的「脈搏」，提供更完善的服務，縮短銷售時間，提高銷售效率，讓客戶心甘情願地買單。

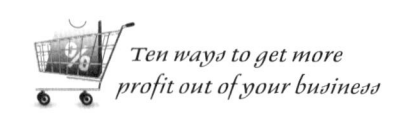

3-3 專業 vs. 非專業，該如何拿捏？

有人說，做銷售就是在比「專業」，這句話其實有一定的道理。因為不可能每位客戶都對產品有深入了解，他們能信賴的就是業務員專業的介紹。因此，對業務員而言，在客戶面前樹立專業的形象是非常重要的，它能讓你擁有更廣泛的銷售空間和客戶群。

但產品介紹並非越專業越好，專業也要有一定的限度，如果你和客戶交談時，專業術語滿天飛，客戶非但不會被你的「專業」所折服，還可能因為聽不懂而倍感壓力；且一旦客戶感到壓力，就會想轉身離開現場。所以，業務員要把專業用在合適的地方，同時也要懂得適可而止，讓那些「非專業」客戶也能在你專業的講解下，充分了解和認識產品。

那麼，「專業」與「非專業」該如何拿捏到位，才能讓客戶聽得懂呢？

❶ 解答客戶疑問，做客戶眼中的專家

業務員對產品的專業知識瞭若指掌是非常必要的，只有這樣，客戶在購買產品時，業務員才能針對客戶的需求，提供能滿足需求的產品。同樣地，在銷售領域，誰對產品的知識了解得越多，介紹得越詳細，誰就能留住客戶，贏得客戶的信任和關注，實現成交。

所以，業務員要盡可能地掌握產品的相關資訊，讓自己成為客戶眼中的專家，拉近與客戶之間的距離。

Lesson **3** 口才技能——
磨練口才，提升業務力

成交必殺技

- 產品的名稱。必須要了解產品名稱的來源、含意，知道產品是否以產品特徵、用途等方面來命名，以便與客戶溝通時製造話題。
- 產品的製作原理或技術。業務員要清楚產品的特徵，了解產品的各種係數、製作原理、實驗結果等，這需要業務員多閱讀和產品相關的書籍。
- 產品的價格。必須清楚拿捏好產品的底價、建議價及成交價。
- 產品的基本特性。要熟悉產品的型號、顏色、包裝等方面，並與其他同類產品仔細比較。
- 產品的與眾不同之處。向客戶介紹產品的特點時，應該盡量揚長避短，重點推薦產品優勢。
- 市場狀況。應及時了解市場上同類產品的發展趨勢和客戶的需求變化，以便在介紹產品時，能更突顯出產品的價值。

❷ 讓專業術語簡單明瞭

業務員面對的往往是對產品的專業資訊一竅不通的客戶，而且客戶與你溝通，就是為了弄明白他們所困擾的問題，如果業務員大量使用專業術語，那客戶的疑問非但沒有被排除，反而又增添更多困惑，最後也只能無奈地拂袖而去。因此，業務員在與客戶交談時，切記不要把產品的所有資訊全提供給客戶，而是要有選擇性，簡潔明瞭地把客戶感興趣的資訊傳達給他，這才是真正的專業。若只想賣弄自己的專業知識，是不可能說服客戶的。

❸ 讓專業術語生活化

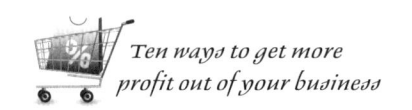

雖然專業的業務員能獨佔鰲頭，但在實際銷售活動中，過於專業的術語卻是阻礙銷售成功的大敵。客戶只是使用者，根本不懂什麼專業術語，如果我們使用過於專業的術語，反而會讓客戶一頭霧水，更別想要他買單。所以，在銷售的過程中，你可以巧妙地利用一些方法將專業術語生活化，使客戶一目了然。

成交必殺技

- 將專業術語進行「翻譯」。最好將專業術語與生活中的現象相結合，然後運用口語簡易地說明。比如在介紹產品的 CP 值時，業務員就可以直接解釋花同樣的錢，但你的產品品質能有更多的保障，比別的產品更耐用、更划算。
- 巧用修辭。例如，譬喻、對比等修辭手法，可以巧妙地把人們不懂的知識轉化為易於理解的內容，給客戶耳目一新的感覺。
- 妙借幽默。有的專業術語講解出來不免生澀難懂，業務員應該在工作之餘，多閱讀一些相聲小品、笑話或喜劇類節目，培養自己的幽默感。

❹ 態度謙和，切勿得理不饒人

有的業務員會自以為自己是專家，不由自主地在客戶面前傲慢起來。當客戶提出不同意見或存有質疑時，只要業務員的言談舉止透露出一絲絲鄙夷不屑的眼光，都會讓客戶退避三舍，因而讓自己錯失成交的機會。要知道，客戶就是上帝，他們花錢來購買的是產品或服務，不是你居高臨下的「教訓」。所以，無論何時，你都應該保持謙和的態度，一秒鐘都不能

Lesson 3 口才技能——
磨練口才，提升業務力

鬆懈，那謙和的態度該如何保持呢？

首先，就是要讓真誠發自內心，真誠不是做表面文章，而是要從內心出發。在面對客戶時態度端正，把客戶當作自己的朋友，時刻懷抱著誠意與關懷，這樣你的臉上才會流露出親切的微笑，感染客戶。這時即使你對客戶提出反駁性建議，客戶也會樂於接受。

另外，對銷售工作要極具責任感，只要業務員對銷售工作抱持強烈的責任感，認為自己應該盡心盡力地服務客戶，把客戶看作自己最大的財富，就會自然流露出謙和的態度。

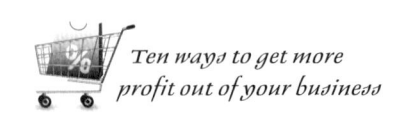

見什麼客戶說什麼話，掌握對方的語言

俗話說：「見人說人話，見鬼說鬼話。」仔細想想其實不無道理，每個人都有自己與眾不同的性格，即使動機相同，在不同的人身上，表現方式也有所不同。同樣的道理，在銷售中也是如此，銷售的目的雖然是成交，但在銷售的過程中，我們會遇到各式各樣的客戶，儘管有的客戶帶著需求而來，但要與他們打交道卻不容易，他們總會設置一些障礙，讓銷售變得不那麼順暢。因此，業務員在與客戶打交道時，不僅要學會深入挖掘客戶的需求，還要因人而異地表達，才能既不傷和氣，又能達到成交目的。

① 讓猶豫不決型的客戶果斷決策

一些客戶往往對於自己是否要購買產品心存顧慮、猶豫不決，這也是造成購買障礙的一個重要原因；而對於這些猶豫不決的客戶，業務員如果不能及時引導，不僅白白浪費口舌，還可能因此錯失成交良機。

而讓客戶心存顧慮的原因，大多是因為眼前這項產品只能滿足他們的部分需求，或他們認為產品並不十全十美，所以才拿不定主意，左右衡量。這種情況，業務員看似很被動，但卻是實現成交的良機，因為客戶已對你的產品有了認可，你只要消除客戶的顧慮，便可順利成交。

Lesson **3** 口才技能——

磨練口才，提升業務力

成交必殺技

- 及時找出令客戶猶豫的原因。這就要靠業務員在引導的過程中，用一種尊重且委婉的態度向客戶提問，引導客戶說出他內心的想法。

- 盡量為自己爭取時間，挽留客戶。只要客戶還在，那業務員就還有成功的機會。從客戶關心的問題開始問起，對客戶關心的點及時進行分析，增加對方停留的時間，從而提高成功的機率；一旦客戶轉身離開，就代表他對產品有過多的否定，這時也不必再進行挽留。

- 充分激發客戶購買的熱情。能引起客戶熱情的產品，才是他們心甘情願購買的首選，所以業務員要善於挑起客戶購買的積極性，在消除客戶疑慮的同時，做到「以大壓小」，以優補劣，增加客戶對產品的滿意度，進而增加購買欲。

- 適當「誘惑」一下客戶。每個人心裡多多少少存在一種佔便宜的僥倖心理。對客戶來說，買到物美價廉的產品，就是得到更大的實惠，所以你可以抓住這個致命弱點，將產品購買前後的情況對比清楚展示，進而讓客戶自己權衡利弊，做出購買決策，那銷售成功的機率也會大大提升。

❷ 讓沉默寡言型客戶開口說話

業務員經常會遇到這種情況，自己說得洋洋自得、滔滔不絕，客戶卻表情冷漠，遲遲不開「金口」，即使業務員連連發問，客戶仍舊是「金口難開」或惜字如金，令業務員感到頭疼。所以很多業務員寧願與「長舌」型的客戶爭辯，也不願與寡言型的客戶溝通。

但其實，少語寡言的客戶並不難對付，在業務員無法判明客戶沉默的真正原因之前，要盡量避免自己說個不停，主動給客戶體驗產品和表達想

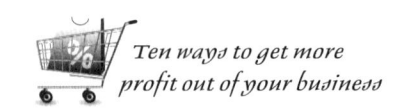

法的機會,用邏輯啟發的方式勸說,循循善誘,並提供相應的資料和證明文件,讓客戶分析思考和判斷比較,以加強客戶對產品的信心,進而成功結單。

成交必殺技

- 察言觀色,即善於觀察,從客戶身上挖掘有效資訊。業務員首先要有充足的耐心,觀察客戶的言行舉止、肢體語言等,揣測客戶的心理,洞察他們的購買意向。

- 打開客戶的「金口」。一般而言,業務員要想直搗沉默型客戶的心房,就要利用自己良好的溝通能力,抓住客戶的關注點,幫客戶打開「話匣子」,獲得更多有用的資訊。

- 營造溝通氛圍,「物以類聚,人以群分」。業務員要適當轉變談話方式,針對性地介紹產品,為客戶營造一種「想說話,樂於說話」的氛圍,增加成交機會。

❸ 把握滔滔不絕型客戶的話語權

在銷售過程中,常常會接觸到話比較多的客戶,即便是一句無關緊要的話,他們也能變成自己滔滔不絕的話題來源,這樣不僅浪費業務員的時間,有時甚至會在無形之中,破壞業務員其他筆生意。

成交必殺技

- 把握談話主動權,引導客戶。這種客戶只要一開口就說個不停、無法自拔,所以業務員要掌握好談話的主要方向,不要將話題周旋在無關緊要

Lesson 3　口才技能——

磨練口才，提升業務力

的內容上，盡量排除一系列干擾因素，確保銷售順利進行。

- 「過濾」有用的價值語言。業務員可以對客戶的話進行分析，過濾掉一些偏離主題的資訊，從中抓到有價值的點，拉回主題。

- 善於利用客戶語言。往往客戶說的越多，業務員就越容易掌握話語主動權。因此，我們可以利用客戶的觀點，借題發揮，加以適度引導，成交也就近在咫尺。

④ 事事皆通型客戶

有些客戶對自己要購買的產品有非常詳盡的了解，甚至可以說是這方面的專家，所以，他們常常會提出一些非常犀利的問題，讓業務員感到很棘手。

成交必殺技

- 具備專業的產品知識。為了防止在溝通的過程中說錯話，使自己陷入尷尬，平時就要重視對產品專業知識的了解與學習。

- 熟知產品的基本特徵。事事皆通的客戶，即便了解再多，也很難面面俱到，為了讓自己對產品有更全面的認識，可以多請教公司資深的前輩，及時更新產品資訊，為客戶提供一個更全面的購物選擇。

- 抓住機會「奉承」客戶。這類客戶常常誇誇其談，不願自己的觀點被別人打敗，因此千萬不要為了表明自己的觀點而與客戶爭論，可以先讚美客戶一番，滿足客戶的優越感後，再適時地提出自己的觀點。

- 轉移談話焦點。及時、自然地轉移談話焦點，可有效規避溝通中面臨的諸多問題，懂得化弊為利才能無往不勝。

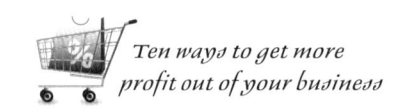

⑤ 脾氣急躁型客戶

業務員每天面對的客戶各式各樣，難免會有一些脾氣比較急躁的客戶。這類客戶辦事喜歡速戰速決，總希望盡早解決問題，很容易在銷售過程中造成氛圍的緊張，因此，面對這類客戶，考驗的就是業務員的耐心。所以，在面對性急的客戶時，即使業務員表現得再不耐煩，也千萬不要為了一時之快，對客戶出言不遜，因為這不僅代表著公司的形象，也關係到你的銷售業績。

⑥ 愛爭論型的客戶

銷售中，有些客戶總習慣把錯誤歸結到業務員身上，即便是一些微不足道的問題，也總喜歡爭論一番，面對這類客戶，常會有一些業務員感到不知所措，因而造成客戶的流失；但在銷售的世界裡，客戶永遠是對的，無論誰是誰非，業務員都要處理好與客戶的關係。

成交必殺技

- 先禮後兵。當你與客戶發生爭議時，要先肯定對方的意見，然後再準備一些相關資料，讓客戶易於接受，同時又能順利完成交易。
- 給客戶說話的機會。業務員可以在氣氛緊張時停頓片刻，讓客戶發發牢騷，令他們在心理上得到滿足。
- 用幽默化解緊張氛圍。對業務員來說，幽默是協調與客戶之間關係的「優質潤滑劑」，當客戶為了一些小事，而斤斤計較與你爭吵時，業務員要學會運用幽默的智慧來緩和氣氛，進一步打開客戶的心門。
- 不直接反駁客戶。即便客戶在無理取鬧，業務員也不能直接反駁，這樣只會適得其反，使客戶更為惱火。

Lesson 3　口才技能──
磨練口才，提升業務力

　　到什麼山上唱什麼歌，見什麼客戶說什麼話，可說是人際往來的藝術，只要業務員能掌握好各種待人的技巧，那無論你手中的產品是什麼，都不愁賣不出去。

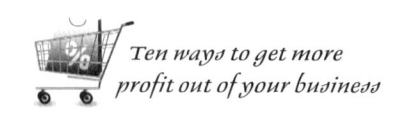

Ten ways to get more profit out of your business

3-5 會問會聽，讓溝通更順暢

　　銷售的祕訣在於挖掘出客戶的潛在需求，但客戶的潛在需求往往深藏不露，那要如何運用好口才，來找到客戶的需求點呢？大多數業務員遇到這類問題，常常是望而生畏、束手無策，但方法其實很簡單，那就是——主動向客戶提問。你問得越多，客戶回答得就越多，只要回答多了，客戶的內心想法自然暴露得多，然後你再不斷地進行過濾、分析，一步步化被動為主動，那成交的可能性就會越來越大。所以，在溝通的過程中，業務員能否運用好提問的技巧，影響著銷售的成敗，一個恰當的提問往往可以提高客戶談話的興趣，使溝通能更順利地進行下去。

　　對業務員來說，透過向客戶提問，引起客戶的興趣，引導客戶去思考，然後根據對方的實際反應再提出其他問題，一步步深入，最終才得以達成溝通目標。但並不是所有問題都能起到促進溝通的作用，若想獲得良好的提問效果，你必須注意以下幾點：

❶ 提問時注意禮貌

　　培根（Bacon）曾說過：「謹慎的提問等於獲得了一半的智慧。」有效的提問對於良性溝通相當有益，但如果在發問過程中，不講究方式和方法，不僅達不到預期結果，還可能引起客戶的反感，造成雙方的關係惡化，

Lesson *3* 口才技能──
磨練口才，提升業務力

甚至破裂。

由此可見，在與客戶溝通的過程中，對客戶提問時一定要保持禮貌及親和力，避免讓客戶有不被重視或不被關心的錯覺。值得注意的是，業務員在提問前一定要審慎思考，切記不要漫無目的，不著邊際地信口開河。

一般來說，客戶與業務員見面，客戶往往會帶著抗拒及警惕的心理，所以業務員千萬不要冒昧提問，務必仔細觀察客戶的態度，再先發制人，俘虜客戶。除此以外，也別為了急於求成，而莽撞打斷客戶的談話，更不要把客戶當成自己的聽眾，對自己的產品誇誇其談，這樣非但不會激起客戶的購買欲，反而會讓客戶「買意全消」，將你「掃地出門」。

成交必殺技

- 提問時，不僅要面帶微笑，聲音更要柔美圓潤，以利在客戶心中取得良好的第一印象。
- 提問時，語調保持平穩，能給客戶一種穩重、值得信賴的感覺。
- 根據客戶的語速來調節自己的語速，配合客戶說話的速度，是一種尊重、理解客戶的善意表現。
- 提問時，多用一些表示尊重的敬語，如「請教」、「請問」、「請指點」等。

❷ 提問要切中實質，切勿無的放矢

業務員的目標就是賣出產品，實現交易，因此，與客戶溝通時，一定要圍繞著這一特定目標展開，提問也是如此。

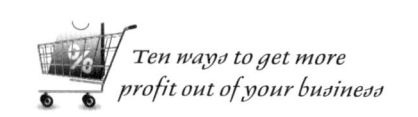

當然，時刻未雨綢繆，不打沒有準備之仗。為了使自己的問題能順利挖掘到客戶的需求點，在面見客戶前，先將自己的銷售目標根據實際情況逐步分解，再思考每一小目標的具體提問方式。這樣不僅可以避免因談論一些無聊的話題，而浪費雙方寶貴的時間，又可以循序漸進地實現銷售目標。

❸ 盡量提開放性問題

封閉式問題限制了客戶的思路，不僅讓客戶感覺被動，使他產生一種被審問的感覺，業務員也只能從有限的選項中得到有限的答案，讓自己的銷售道路故步自封，停滯不前。但開放性提問就不同了，它不會限制客戶的思路，反而可以讓客戶暢所欲言，更重要的是有利於業務員了解客戶更多的資訊；除此以外，溝通環境也會隨之變得輕鬆、愉悅，顯然會有利於雙方進一步的溝通合作。當然，你可以多用「你覺得……」、「為什麼……」、「怎樣……」等開放式的提問，給客戶更大的空間。

❹ 提問禁忌

在與客戶溝通時，並不是問題問得越多，銷售成功的機率就越大。相反地，在實際銷售中，有的客戶往往會在業務員幾次提問後，覺得厭煩與不快，而讓業務員吃「閉門羹」。這是為什麼呢？因為他們忽視了提問應該注意的一些細節。

Lesson 3 口才技能——
磨練口才，提升業務力

成交必殺技

- 問問題時，要因人而異，豁達直爽的客戶，可以單刀直入地提問；如果客戶文化學識較低，就要問得通俗易懂；倘若客戶的脾氣倔強，那不妨迂迴式地提問。
- 圍繞著客戶需求進行提問：「您想要哪種產品，具體有什麼要求嗎？」
- 對於模稜兩可的客戶，要運用選擇式提問。例如：「您準備買幾件呢，一件還是兩件？」、「您選擇哪種付款方式，是現金支付還是支票支付呢？」等。
- 把自己需要了解的問題事先進行分析，記錄在筆記本上，然後斟酌出恰當的提問方式與提問語。
- 避免問一些敏感性強的問題，學會轉換方式提問。例如，在談論價格問題時，不要開門見山地說：「您認為價格應該要多少？」應該轉化為：「您的預算在這個範圍內嗎？」或是「這與您的預算相差大嗎？」
- 提問時，遣辭用句應該通俗易懂，盡量避免使用專業術語提問，否則會讓客戶一頭霧水，難以回答你的問題。

當然在提問時，態度也是關鍵。業務員要做到禮貌而不魯莽，一定要為客戶留下充足的思考空間，而不是咄咄逼人地審問，只有掌握好火候，才能得到你想要的答案。

❺ 向客戶確認重要問題的答案

有的客戶會因為一些原因，而對業務員提出的問題答非所問，或是故意敷衍，讓業務員摸不著頭緒，處理這類問題最簡單的辦法就是抓住時

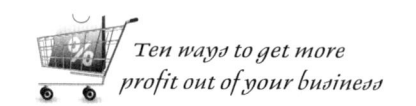

機，不斷重複自己的問題，逼得客戶給予正面的答覆。當然，如果客戶已經給出答案，你若想進一步確認自己聽到的是否正確，可以適時重複一下，以免影響自己的銷售。

業績是問出來的，沒有提問就沒有銷售。透過有效提問，我們才能了解客戶的內在心理和興趣點，獲得有效的客戶資訊，清楚客戶的抗拒點，對症下藥，建立友好氣氛，最後達成一單乃至多單的生意。

Lesson **3** 口才技能——
磨練口才，提升業務力

銷售加分題

銷售大師的二十句名言金句

❶. 如果客戶還沒有提到價格，那通常代表兩種意義：一種是他們可能根本就沒有購買意願；另外一種則是，你的表現還沒有讓他們覺得要做購買決定。——世上最偉大的銷售員　喬・吉拉德

❷. 成功的祕訣就在於設定目標，然後著手去行動、實現。有許多人從不設定目標，因為他們害怕自己做不到，而產生強烈的失望感。——安麗第一夫人　柏妮思韓森

❸. 我的經營哲學是：「不」不是「絕不」，「絕不」也不是「永不」，但一定要「永不放棄」。——保險天王　布魯斯・伊瑟頓

❹. 我不是賣保險，我賣的是優惠折價的現金。——美國保險奇才　班・費德雯

❺. 當你問完成交的關鍵問題後，閉緊你的嘴。先開口的人就輸了。——全美地產銷售天王　湯姆・霍金斯

❻. 不論客戶是大是小，每一名客戶都會從我身上獲得相同的服務。我會為他們服務一輩子。——全球首位一年賣出10億美元的保險業務員　喬・甘道夫

❼. 業務員要想功成名就，絕對沒有一天僅工作八個小時這種好事。——日產汽車蟬連十六年銷售冠軍　城良治

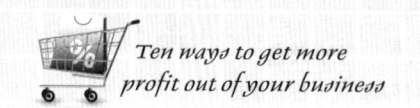

Ten ways to get more profit out of your business

❽. 不行的時候就坦然面對，只要回歸原點，再重新來過就好了。——日本保險銷售女神　柴田和子

❾. 你首先得確定哪些客戶是你下次要溝通的目標客戶，只有確定了明確的目標客戶，你才有可能實現既定的銷售目標。——日本第一保險公司銷售代表　齊藤竹之助

❿. 你應該設身處地地為客戶著想，替他設計最適合的保險，只要他覺得你的服務不同凡響，你就處於有利地位，就有希望獲得成功。——美國壽險奇才　卡爾·巴哈

⓫. 利用顧客的抱怨創造契機。顧客的抱怨是很嚴重的警告，但只要誠心誠意去處理顧客抱怨的事，往往又是創造另一個機會的開始。——日本經營之神　松下幸之助

⓬. 成功不是用你一生所取得的地位來衡量，而是用你克服的障礙來衡量。——美國著名保險行銷顧問　法蘭克·貝特格

⓭. 你唯一要銷售的東西就是想法，而好的想法也是所有人真正想買的東西。——全美十大傑出保險業務員　喬·甘道夫

⓮. 行銷的目的在於，幫助你了解客戶。——世界級行銷專家　杜雷頓·勃德

⓯. 打電話邀約客戶，要讓對方覺得有必要見你一面。倘若做不到這一點，至少也要讓準客戶對你的拜訪感到有興趣才行，這是約訪的基本原則。——日本保險銷售之神　原一平

Lesson 3 口才技能──

磨練口才，提升業務力

⓰. 對每個業務來說，熱情是無往不利的。當你用心與靈魂信賴你所銷售的東西時，其他人必定也能感受得到。──美國著名女企業家　玫琳‧凱

⓱. 只有不敢開口的業務員，沒有賣不出去的保單。──美國保險教父　梅第‧法克沙戴

⓲. 賣保險，沒有搞不定的客戶，只要你堅持見他100次！──中國首位百萬圓桌頂尖會員　蹇宏

⓳. 不怕失敗，比想成功更重要。──百萬圓桌會大中華區主席　祁彬

⓴. 意外和明天不知道哪個先來。沒有危機是最大的危機，滿足現狀是最大的陷阱。──亞洲銷售女神　徐鶴寧

銷售充電站

「會聽、會問」的保險業務員

　　個性木訥的阿寶，大學畢業後便隻身從鄉下到台北發展，出發前他告訴自己一定要做出一番事業來。一到台北，阿寶嚇呆了，周遭的事物都是他從未見過的，但他沒有時間遊覽，必須趕緊找份工作把自己安頓下來。

　　阿寶剛畢業，沒有任何的工作經驗，好不容易才有間公司約他面試，到現場一看竟然是集體面試，而他又沒什麼自信，自然無法積極答覆面試官的問題了。有幾題好不容易抓到機會回答，但因為他從鄉下來，說起話來難免台灣國語，再加上緊張以致結巴，面試官聽了頻頻搖頭；後續幾次的面試機會，表現得也不大好，惹了不少笑話。

　　但沒想到十年後，阿寶竟能成為一間公司業績最好的業務經理，在同業中還小有名氣，那究竟是什麼原因讓他有如此大的轉變呢？

　　原來，阿寶在求職連連碰壁後，發現自己最大的弱點就是表達。為了克服表達障礙，阿寶每天晚上拿著錄音機，在馬路上閒逛，把別人說的話錄下來，利用隔天上午的時間播出來反覆地聽，矯正自己的台灣國語，改善口齒清晰度，發音不太準的詞句，就用注音加強標注，反覆朗讀、練習；下午便積極出去找工作、面試。堅持一個月後，他的表達能力有明顯地進步，也順利找到工作，一間新開的保險公司錄取他，聘用他當保險業務員。

　　找到工作後，阿寶也沒有因此放棄原先的練習，因為他知道銷售

Lesson 3 口才技能——
磨練口才，提升業務力

必須和客戶打交道，好口才是業務員必備的素質，所以，他又堅持練了兩年。皇天不負苦心人，阿寶終於練就一口極為標準且能打動人心的超級口才，這兩年的時間，阿寶不僅成功通過試用期，還榮獲公司「最佳新人」的稱號，能有這樣的成績，還得從他的優點說起。

阿寶之所以不善表達，是因為他小時候不大愛說話，長大碰壁後，才讓他決心改變，努力改善表達能力，但排除缺點，他其實有個顯著的優點，就是他能耐心傾聽客戶的「心聲」。無論是小姐、歐巴桑的牢騷，還是小朋友的童言童語，或是老一輩講古，他都能不厭其煩地當位好聽眾。所以，除了絕佳的口才外，他也因為自己善於傾聽，才得以準確掌握客戶的生活、工作、事業狀況及潛在需求，針對他們的狀況，規劃適合對方的保險產品，讓客戶著實滿意。

當然，推銷保險不可能次次順利。有次，一位老奶奶親自到保險公司，想為孫子買份保險，恰好由阿寶負責接待。但客戶對保險的種類一概不知，只知道買保險就是在買保障，所以當阿寶熱情地拿出資料講解時，客戶的眉頭深鎖，好似不滿意，阿寶再怎麼講解或更改方案，對方還是皺眉。

最後，阿寶開始心急了，客戶也變得非常不耐煩，好險這時主管經過，見情況不妙趕緊介入，安撫客戶的情緒，並親自上陣講解，客戶最後也順利買到理想的保單。事後，阿寶向主管請益，主管告訴阿寶：「你的講解太著重於專業知識，不懂變通，對方的年紀較長，自然有可能聽不懂你說的保單內容。」阿寶頓時恍然大悟，在之後的銷售中，他不但時刻注意自己的詞句，還不忘留意客戶的情緒變化，以至於業績不斷向上攀升。

同事對於阿寶跟客戶周旋的能力也相當佩服，如果有客戶表示保

Ten ways to get more profit out of your business

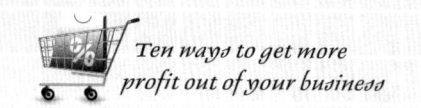

費太貴，不斷殺價時，阿寶總有辦法讓對方按原價買單。某天，公司來了一位重量級的大客戶，一開口便說要投保超高保額的保險，當時是由阿寶同事親自接待，眼看交易就要達成，但沒想到客戶竟然突然說保費太高，要求降價，不然不願意簽名。

負責接待的業務員頓時不知該如何是好，眼看談判陷入僵局，他只好找到阿寶，請他幫忙協調。阿寶不疾不徐的坐在客戶對面的位子，自我介紹後說道：「先生，您的選擇是明智的，這件產品非常適合您。的確，世界上大部分人購買產品時在意的無非就是這三件事：優良的品質、完善的服務、最低的價格，但很難有產品是能符合全部條件的，而且，便宜的產品有時也不見得能滿足我們的需求。」客戶聽到後點點頭，表示認同阿寶的說法。阿寶繼續說道：「那以長遠的角度來看，您認為犧牲哪個比較划算呢？」阿寶問完，只見客戶笑了笑，也不知道該回些什麼才好，便拿起筆直接在保單上簽名。

現在，阿寶在保險業奮鬥十年有餘，已晉升為業務經理，他底下帶著一支優秀的業務團隊，並且定期培訓新進員工，與他們分享自身的銷售經驗和技巧，帶領著大家不斷進步。

阿寶的經歷給了我們哪些啟示呢？

阿寶原本是個連說話都會結巴，沒見過世面的鄉巴佬，之後竟能成為一名業務經理。這其中，我們很難想像他是怎樣一步步地走過來。他不愛說話，卻能巧妙地將劣勢化為優勢，並在發現錯誤後及時改正；這些都是他成功的關鍵，相當值得我們效仿，那作為一名業務員，我們能向阿寶學習些什麼？

Lesson 3　口才技能──
磨練口才，提升業務力

① 銷售，口才是關鍵

剛到台北找工作的阿寶，因台灣國語與結巴而受盡嘲笑。但他努力改善自己的不足之處，最終攻克表達難關。作為一名業務員，銷售產品最重要的是會說，語言、口才就顯得極為重要，所以，業務員要主動、積極地練就說話的基本功，不僅僅是要敢說話，更要會說話，如此一來，你才能順利打動客戶的心。

② 善於傾聽

銷售是必須與客戶打交道的工作。客戶想購買產品時，總會希望身邊能有一個可以商量的人，換句話說，他們希望業務員能「好好聽我說話」。當然，如果業務員連聽客戶講話的耐心都沒有，他又怎麼能得知客戶的需求，提供正確的建議和產品呢？而阿寶就是客戶最好的聽眾，透過傾聽，他能抓住客戶的需求，為他們提供想要的產品，自然能提高成交的效率。

③ 介紹產品要通俗易懂

阿寶在推銷的過程中，便犯了一個致命的錯誤：對於一位老奶奶，他依舊使用那些保險名詞、專業術語來介紹產品，浪費雙方的時間，不僅吃力不討好，最後還可能讓訂單從手中溜走。所以在與客戶溝通時，一定要看清你的對象，針對非專業人士時，要用通俗的語言來介紹，當然，你可以適當地用些專業用語，給人專業的形象，贏得對方的信賴。

④ 問得好，成交才順利

阿寶之所以能讓客戶妥協、不降價，主要歸結於「會問」，他總能針對

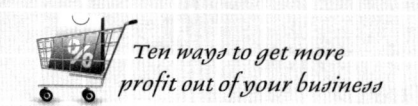

客戶的問題，切中要害地提問，打入客戶的心，讓對方心甘情願掏錢買單。因此，在銷售中，掌握好提問的技巧是非常有必要的，能讓成交手到擒來。

Lesson 4

主動出擊

Ten ways to get more profit out of your business

你選對目標客戶了嗎？

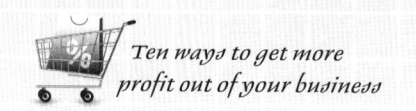

銷售諮詢室

做業務，我有很多想法，為什麼卻屢遭批評？

★ Requesting for help ★

王老師，您好！我叫鄭明迪，是大學畢業一年的社會新鮮人，目前從事銷售工作。我聽過您的演講，也買過您的書，您的銷售觀點很有幫助，我也按照您書上所寫的方法，一步一腳印地行動著；但我在目前的工作中，遇到一個很大的問題，希望能得到您的指點。

我畢業後在一家小型廣告公司做業務員，因為學的正是行銷專業，所以剛到職時我對自己非常有信心，每天撥打一定數量的開發電話，累積自己的媒體優勢，也借此對客戶的情況多加了解，每天在客戶管理系統裡記錄點點滴滴的跟進記錄。我認真地學習著廣告媒體和銷售方面的知識，每天關心時事與新聞，努力使自己成為事事通、高EQ的業務員。但三個月下來，竟然一筆生意也沒促成，可是我始終認為自己對業務的理解沒有錯，以自己學習到的知識與方式努力地工作著。

直到公司一位做了四、五年的前輩說我做業務過於理想主義、太死板，總是照本宣科。在我看來，公司那些資深業務並沒有像銷售培訓課裡所說的那樣素質過人，樣樣達標，甚至有點像游擊隊，銷售目的非常單純和直接，卻能做出好業績。即便我對廣告了解甚多，對很多問題思考深入，但做不成訂單也白搭，讓我非常苦惱。我感覺自己進退兩難，完全不知道問題出在哪裡，非常希望您有機會看到我的這封信，給學生一些建議，不勝感謝！

Lesson **4** 主動出擊——
你選對目標客戶了嗎？

Dr. Wang's advice

鄭明迪你好：

看到你的情況，我既為你感到高興，也為你感到擔心。高興的是你一直用高素質業務員的標準來自我要求，努力學習與業務相關的各項知識，並嚴格要求自己；擔心的是你在做業務之初就走進銷售誤區，使自己陷入一個封閉的境地。

其實，你做得並沒有錯，有想法也有行動，但的確像那位業務前輩所說的，你做業務太理想化了，忽略了銷售工作最重要的部分，那就是業務能力比專業知識更重要；溝通能力比個人計畫更重要。銷售是一項需要打入客戶群的工作，若只提升個人各方面的素質，卻忽視了與客戶之間的溝通和互動，再努力也收效甚微。

在此我提出幾點建議，希望能對你目前的狀況有所幫助。

❶ 多和客戶溝通、互動

客戶是銷售的主體，只有多與客戶溝通，把你的想法運用到與客戶相處的互動中，才能讓好想法得到落實，並讓你認識到與客戶溝通上的不足。

❷ 多向資深業務請教

老鳥業務員的學識可能不及於你，但他們資歷高、經驗豐富，深諳銷售的潛規則，熟稔銷售的模式和策略，你要多虛心請教才是，即便你不認同他們的某些做法，你還是要向他們學習，這是讓你加快適應業務工作的唯一途徑。

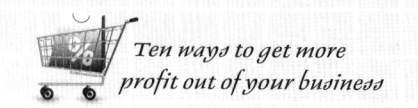

③ 堅持對自己高標準的要求

你對自己的要求並沒有錯，從長遠的發展來看，如果你能保持對自己高標準的要求，那今後幾年，你的升職空間絕對會高過你身邊的前輩，雖然一時看不出效果，但你的升遷之路將是遞進的。

★ Case analysis ★

很多業務員都會遇到這樣的困擾，也反應出不少新手業務的問題：

其一，其實並不是我們不夠努力，而是我們還沒有熟悉和適應，很多想法還有待加強，必須在實際銷售中磨合和改進。但這種磨合和改進的時間，有些人需要很久，有些人則很短，關鍵就在於前者沒能及時改變觀念，有時候，放低自己未嘗不是一種智慧。

其二，銷售沒有實踐，沒有與客戶進行溝通，就沒有成交。業務員的高EQ必須在與客戶的溝通中得到體現，而不是一意孤行；你得重視跟客戶溝通，並做出實際行動。

鄭明迪的業績雖然失利，但不代表他沒有可取之處，相反地，他在迷茫中還能反省自己，尋找問題所在，這點相當可取。很多新手業務在遇到問題時，不是選擇逃避，就是乾脆轉行，很少人能在自己身上找問題。看到這裡，我提出的建議也許不具有普遍性，但卻實際反應出業務員的困擾，對於和鄭明迪有類似經歷的業務員更要加以重視，根據個人情況進行心態和行動上的調整和提升。

Lesson *4* 主動出擊──
你選對目標客戶了嗎？

4-1 做好充分準備，順利約見客戶

俗話說：「不打沒有準備的仗。」業務員在約見客戶前，就必須做好充分的準備，預想一切可能出現的狀況，並及時做好防範工作。只有做好充足的準備，業務員才能在跟客戶見面時，以自信的心態和積極的態度與客戶進行買賣的心理攻防戰。

而具體的準備有哪些呢？

❶ 全面了解你的客戶，知己知彼

商場如戰場，銷售工作也是如此。只有全面掌握客戶的相關資訊，才能針對客戶的需求，提供客製化的銷售服務；只有了解客戶多方面的資訊，才能快速拉近彼此的距離，有助於挖掘客戶心中的需求，減少銷售的阻力，真正做到「知己知彼，百戰不殆」。

成交必殺技

- 掌握客戶的基本資訊。一般包括個人客戶、公司法人客戶的姓名或名稱、潛在需求、地址、E-mail、聯繫方式等。
- 深入了解客戶的詳細資料。對於個人客戶，要具體了解客戶的興趣愛好、生活習慣、收入水準、家庭成員之間的影響和制約等情況；對於公

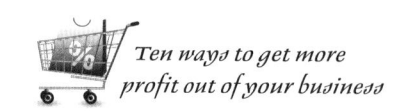

司機關團體客戶來說,既要了解可以做購買決定的關鍵人的詳細資料,還要了解該公司的性質、規模、聲譽、信用等級和未來發展等。

❷ 讓目標為你指引方向

凡事有理想、有目標,才有前進的動力。要想在業務這行出人頭地,首先就是要為自己設定一個明確的目標,然後心無旁騖地為之奮鬥,這樣才能闖出一番成就。

成交必殺技

- 心中牢記銷售目標。把自己的目標寫在便利貼上,貼在能引起自己注意的地方,家裡和辦公桌周圍都要貼,拜訪客戶前也不忘看一下,時時提醒自己。

- 對銷售業績負責。預想到在銷售中可能出現的問題及突發狀況,準備多種應對方案。

- 對銷售目標進行小目標分解。根據具體情況,對看似無法攻克的銷售目標進行階段性分解,調整好每個階段的銷售策略,以確保銷售工作順利開展。像是年度業績目標可分解為月或季度性目標來實施。

- 著眼於自己的長期目標。徹底做好拜訪記錄,及時整理好客戶提出的話題,並找出自己的遺漏之處,進行補充,想出相應的解決方案。

❸ 準備好開場白

開場白就像是一篇故事的開頭,好的開場白往往能引人入勝,對故事

Lesson 4　主動出擊——
你選對目標客戶了嗎？

情節起到推波助瀾的作用。在銷售中也是如此，好的開場白意味著銷售成功了一半，也決定著對方對我們的第一印象。因此，業務員要好好善用獨特的開場白，吸引客戶注意。

成交必殺技

- 提問型開場白。在與客戶見面時，你可以直接詢問客戶對產品的要求，根據客戶的回答，及時結合產品的資訊，反客為主。當然，提問也要因人而異。

- 利益誘惑型開場白。對價格比較敏感的消費者，應該重點說明產品的效益，價格經濟實惠的優點，以符合這類型客戶的求利心理。

- 讚美型開場白。你可以借助不在場的第三人，禮貌稱呼客戶，讓客戶知道你的讚美是對他說的，必要時，用重音強調客戶的稱呼。具體說法是：「我們老闆經常提到您，說您個性豪爽，今天一見，果真如此。」

- 懸念型開場白。你可以列舉一些客戶不了解或不熟悉的事物，激發客戶的好奇心，從而達到宣傳和銷售的目的。當然，這除了業務員應具備多元的知識外，還要懂得揣測客戶的心理。

- 牽線搭橋型開場白。業務員可以在開場白中提到客戶的熟人，突破客戶心防，使溝通更順暢。比如：「章經理整天以您為表率，鼓勵我們向您學習，今天能與您相見真是榮幸之至。」

- 切中要害型開場白。開發客戶時，針對客戶企業中關鍵性的不足或缺陷記錄，然後全面彙整、分析，找找解決方法，才能在與客戶見面時主動出擊，以此來吸引客戶對產品的興趣。

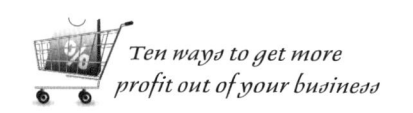

Ten ways to get more profit out of your business

❹ 對自己的產品胸有成竹

市場上同類型的產品繁多，讓人眼花瞭亂，客戶在選擇時，往往會因為對產品缺乏足夠的了解，而有諸多疑慮與擔憂。這時你就要利用專業知識，來幫助客戶了解，選擇合適的產品，成功促成交易。當然，前提是你必須掌握全方位、專業的產品知識，才能見招拆招，促進成交。

成交必殺技

- 熟悉產品的基本特徵。要了解自家產品的各個面向，包括：名稱、物理性質、特殊優勢以及能為客戶帶來的價值。

- 全面掌握公司的情況，比如公司的實力、規模；取得的重大業績；長遠發展方向；行銷手法及廣告宣傳的攻勢、策略等。

- 不斷更新產品的相關動態。業務員應該時刻關注並掌握產品的市場環境及相關走勢，滿足客戶需求。

❺ 準備好介紹的資料與道具

為你的產品介紹準備好豐富且齊全的資料和工具，有效突出產品的優勢，讓客戶眼前一亮，進而激發購買欲望，真正做到「有備無患」。

成交必殺技

- 準備一份大方且精美的說明資料。相關資料包括：產品及公司資料、客戶資料以及競爭對手的相關產品說明；另外，在遞交資料時應雙手呈給客戶，此舉能提高客戶對你和產品的重視。

Lesson **4**　主動出擊——
你選對目標客戶了嗎？

- 面見客戶時，準備好產品樣本及展示工具，包括必要的紙筆、電腦等，單憑嘴上功夫，較難有效說服客戶。
- 準備一套銷售道具，例如名片、公事包、手錶、筆電等，隨時保持工具的乾淨、整潔。

⑥ 要提前預約

在拜訪客戶時，事先預約是非常必要的，它不僅體現出業務員的形象與素質，也是提高工作效率，避免吃「閉門羹」的有效方法。每個人都有自己的生活習慣和時間安排，如果貿然地前往拜訪，可能打亂客戶的工作計畫，浪費雙方寶貴的時間，引起對方反感。所以，業務員在拜訪客戶前最好事先預約，才不會被客戶拒絕在門外。

成交必殺技

- 由於職業不同，客戶方便約見的時間也不同，貼心的業務員會選在客戶最空閒的時間預約客戶。
- 預約的時間最好由客戶決定，而且務必要準時赴約，如果因故不能準時赴約，應該及時向客戶表示歉意，並提出另一個合適的時間。
- 在與客戶見面之前，應事先查詢好路線，規劃好便捷的交通方式，以確保能準時赴約。
- 盡量使用電話預約確認時間、地點，避免直接使用 E-mail 約訪，以求得到準確而及時的答覆，同時又可表達你的誠意。拜訪前一天，則可用 E-mail 提醒客戶明日的約會，電話提醒的壓力較大。
- 規定自己在週末就要把下一週的計畫擬好。

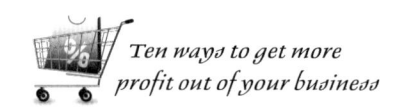

機會總青睞於有準備的人，業務員只有在約見客戶前，做好相關的準備工作，才能吸引客戶的目光，讓接下來的溝通順利進行；打有準備之戰，才是在打成功之仗。

Lesson **4** 主動出擊──
你選對目標客戶了嗎？

4-2 第一印象，讓你成功上壘

　　形象是業務員給予客戶的第一張「名片」，特別是和客戶初次見面的時候，一般人對業務員總習慣抱著防衛心，這時業務員給客戶的第一印象就顯得尤為重要，它能讓你的銷售工作事半功倍。所以，業務員必須時刻注意自己的形象，爭取在與客戶初次交流時，展現出最好的一面，盡可能地在客戶心目中留下良好的第一印象。

　　那要如何才能展現出好的第一印象呢？

❶ 重視自己的外在形象

　　在約訪客戶之前，可以藉由禮貌性的電話問候或簡單、合宜的邀請函……等方式，在對方心中留下良好的印象。但如果你是在銷售現場，即使你的語言再出色，知識多專業，最先呈現給客戶的還是你的外在形象。所以，要想在客戶心中留下美好的印象，首要做的便是包裝及塑造自己的外在形象。

　　當然，外在形象包括一個人的儀容儀表、穿著、肢體語言等方面，筆者在第一章已詳細介紹過了，這裡就不再多提。

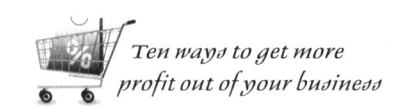

❷ 保持良好的精、氣、神

除了自己的外在形象，良好的神態和氣質也是吸引客戶的一大「法寶」，如果你能在客戶面前展現出最佳狀態，那客戶對你的第一印象肯定尤為深刻，銷售自然能進行下去。

成交必殺技

- 眼神要真誠。眼睛是心靈之窗，在與客戶交流時，眼神是最關鍵的，真誠的眼神能換來客戶最真誠的回應。但要格外注意的是，業務員注視客戶的時間應該占交流的60%以上，切不可左顧右盼，表現出目中無人的神色。

- 隨時保持微笑。微笑是一種特殊的無聲語言，它可以驅散客戶心中的疑慮，讓客戶對你產生依賴。但微笑服務並不是只有臉上掛著笑，而是要發自內心地為客戶服務，這比你雙手遞上名片有效得多。所以，平時就要深植微笑服務的理念，自己多微笑練習，久而久之，你就會獲得迷人的笑臉。

- 表情要自然親切。你與客戶素不相識，初次見面時，被拒絕是相當常見的事情。不妨在初次拜訪客戶時，表情自然、親切，給客戶一種老朋友的親切感，這樣就能打消你與客戶的生疏與尷尬。

- 精力充沛、充滿活力的狀態不可少。精神飽滿，能吸引人也能感染人，當客戶看到你時，便會被你的活力所感染，一掃工作陰霾，溝通起來會更輕鬆。

❸ 態度要熱情真誠

熱情可以讓消極的人變得積極，使悲觀的人變得開朗，使懦弱的人變

Lesson *4* 主動出擊──
你選對目標客戶了嗎？

得充滿責任感。同樣，熱情還能讓業務員走向成功，熱情不但具有激勵作用，還能感染人，消除對方的冷漠，如果業務員失去熱情做為後盾，那他就無法打動客戶，自然無法取得訂單。

也有一些業務員表面看起來很熱情，但相處交談後發現，他們的熱情非常虛偽，鮮少有感染力，更別說要說服客戶了。

成交必殺技

- 培養出對生活的熱情。每天給自己一個滿意的微笑；睡前給自己一句鼓勵的話；抽出時間多陪陪家人、朋友，做自己喜歡的事情。

- 對產品及工作充滿信心。大多數業務員面對客戶的拒絕，不會多做挽留，常常是直接「打退堂鼓」，這很明顯是對自己的產品沒有信心。但那些超業們卻能努力堅持到最後，因為他們熱愛自己的產品和工作，總試圖讓客戶體會到他對產品的重視及熱愛，也因此留下深刻的印象。

- 把熱情建立在為客戶著想的角度上。想客戶之所想，急客戶之所急，不僅是業務員貼心的展現，更是留住客戶的「殺手鐧」。

❹ 讓自己變得從容優雅

為了贏得客戶的好感，建立良好的第一印象，平時的舉止要保持優雅從容。你的優雅從容、彬彬有禮往往能造就和諧融洽的溝通氛圍，促使交談順利進行，其具體做法可從兩方面著手，即談吐和舉止。

言為心聲，優雅、自信的談吐是人們思想的外在表現形式，即使是談論難登大雅之堂的話題，也絕對能表達得委婉且恰如其分；對業務員而言，優雅的言行舉止能讓自己風度翩翩，提高自身的魅力以吸引客戶，讓他們

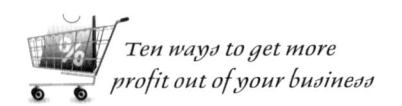

主動想找你談生意。

　　總之，你給客戶的第一印象往往會成為客戶心中既定的印象，直接影響到交易的成交與否，如果印象不好，你可能會因此失去與目標客戶交流的機會。所以，約見新客戶時，你要想方設法地去塑造出完美的形象，為自己的影響力加分。

Lesson 4 主動出擊──
你選對目標客戶了嗎？

4-3 有效開發客戶的六種方法

客戶是銷售的要角，是業務員能否達成業績的關鍵人物。在實際銷售中，業務員不能滿足於維持好現有客戶之間的關係，反而要積極地透過各種機會開發新客戶；你必須清楚知道，若沒有客戶就沒有交易，更別說提高自己的銷售業績了。所以，尋找和開發客戶，是業務員最大的考驗。

以下幾種方法供讀者做為開發客戶的參考：

❶ 牽線搭橋法

在銷售活動中，人脈是至關重要的，你可以利用現有的人脈，替自己開拓出新的客戶資源。當然，你可以從現有客戶那獲得更多潛在客戶的名單，這通常也是最有效的，但前提是老客戶必須對你的產品或服務有不錯，甚至是滿意的評價，或是客戶信任你，願意主動為你介紹，這樣你才能有源源不絕的訂單。

❷ 逐戶拜訪法

一般情況下，客戶不會主動向你索取產品資訊，若想讓客戶了解更多的訊息，就要採取「主動出擊，化靜為動」的戰略，一舉攻破客戶的「心防」。這時，逐戶拜訪便不失為一個有效的辦法。

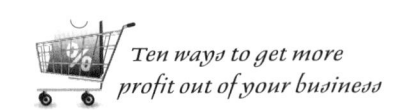

這種方法的優點雖然很多，但有一些「眉角」必須留意，所謂「知己知彼，方能百戰不殆」，身為一名稱職的業務員，拜訪客戶前先了解自己的產品、掌握客戶的資訊是非常必要的，這樣才能投其所好，有效吸引客戶；但還有一點更為重要，那就是業務員要做好面對失敗的準備，這樣才不會在吃了「閉門羹」後手忙腳亂，以致丟失形象，誤了更多生意。

成交必殺技

- 在做拜訪計畫時，先用表格規劃出一星期內要拜訪的客戶，有利於你進行工作的整體規劃。

- 將自己公司的新產品資訊以彩頁的形式列印出來，最好帶上產品圖片或樣品，以便及時提供產品資訊。

- 把客戶的資訊表格化並列印出來，以備不時之需，其中客戶的資訊要盡量詳細，包括即時聯繫的方式。

- 不論交易成功與否，在離開時，要善用感謝之詞，如「謝謝您的耐心傾聽」、「十分感謝您能抽出時間……」等，向客戶表達你的感謝。另外，即使客戶沒有需求，你也可以探詢或請他為你介紹別的客戶。

③ 網路開發法

現今，網路是最普遍的溝通方式，與人們的關係日益緊密，它不僅不會受到地域的限制，還能有效節省我們的時間，提升工作效率，比傳統的開發管道有用得多，所以我們要跟得上趨勢，充分利用這點優勢。但網路開發也並非一帆風順，它需要業務員眼觀八方、耳聽六路，去偽存真，從而找到真正的客戶。

Lesson 4 主動出擊——
你選對目標客戶了嗎？

　　網路是把雙面刃，它既能為你提供商機，也有可能讓你產生危機，常常會有網路騙子出來「作祟」。所以，我們要具體問題、具體對待，在開發客戶時，一定要多方確認對方公司、聯繫方式、地址是否屬實，及時與其談論產品的細節問題，多方詢問、驗證，以免被騙。

❹ 電話開發法

　　對於那些電話行銷專員來說，他們的銷售溝通便是從打電話開始；對善於打電話的人來說，電話是一件很有用的武器，你不用出門就能觸及更多的客戶。但若要在極短時間內引起準客戶的興趣，就必須具備一定的說話技巧，否則客戶會毫不留情地掛下電話。

成交必殺技

- 打電話前，準備好一張紙，以便及時記下客戶、產品的資訊，包括客戶的姓名、職稱、企業名稱及營業性質等，以免過於緊張或興奮而忘詞。

- 可先郵寄或 E-mail 一份帶有產品資訊及圖片的廣告資料給客戶，方便客戶了解產品。

- 制定一個合適的時間表，在最佳的時間打電話給客戶。例如，對於教師來說，下午放學後；對於高層人士，最好在上午八點前；行政人員則避開是上午十點到下午三點這段時間等等。

- 電話一接通就要主動報出公司名稱，而不要說「我是……」。

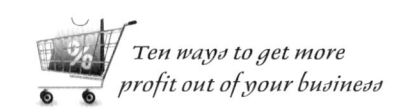

⑤ 公司資源開發法

當業務員在為開發客戶一籌莫展的時候，不妨試著借助身邊的優勢——公司的內部資源。巧妙化解銷售中遇到的難題，因為公司與客戶之間往往有著千絲萬縷的聯繫，一定能為你提供充足的客戶資源，只要業務員懂得運用，那你談的每一筆訂單都會無往不利。

成交必殺技

- 在情況允許下，可將公司的展示車停放在大型商場或其他醒目的地方。
- 在重要的節日，將印有公司名字的小禮品贈送到客戶手中。
- 借助公司的銷售部門，爭取到一些老客戶的聯繫方式，並記錄在客戶聯繫本中，及時進行聯絡、追蹤其需求。

⑥ 個人資源開發法

在開發客戶的各種方法中，雖然個人資源有限，但利用個人資源法，不僅能大大節約成本，找到的客源也較確定及穩定，讓自己真正由「疑無路」，轉變為「花明又一村」。

個人資源包括自己的職業素養及敏銳的洞察力，還要會借助身邊的工作、朋友、親戚等關係找到自己的準客戶。老客戶需要時時保持聯繫，新客戶需要開發；但如果開發方法不當，選擇的途徑錯誤，過程不僅費力不討好，且付出了大量心力，客戶名單仍很有可能屈指可數。所以業務員在開發新客戶時，切勿千篇一律、不知變通，要善用個別對待、具體問題、具體對待等三大重點，只有這樣，你才能準確找到潛在客戶。

Lesson **4** 主動出擊──
你選對目標客戶了嗎？

4-4 接觸客戶有什麼細節要注意？

客戶是企業獲取利潤的主要來源，失去客戶意味著企業將無法順利經營下去，對業務員來說亦是如此。業務員在接觸客戶時，就應該做好各方面的準備，這樣才有機會敲開客戶的心扉，消除客戶的疑慮，談成訂單。

業務員只要能順利接觸客戶，就代表成交近在咫尺，但想順利接近客戶並非易事，你還要多留意一些細節，才能真正如魚得水、水到渠成。

❶ 選好時間，才不會被拒絕

時間就是生命，客戶的時間更是寶貴，約定時間的目的就是為了節省雙方的時間，所以，時間選擇得恰當與否，是攸關生意能否談成的關鍵。

為了讓約定時間與客戶的休息時間不發生衝突，要先了解客戶的時間安排，若沒注意到這點，不僅會影響客戶工作，還可能使你的拜訪計畫落空。

成交必殺技

- 和客戶預約見面時間時，最好以客戶的時間為主，由業務員配合。
- 根據客戶的狀況，選擇特定的時間，考量到客戶的工作性質與心境狀態，盡量避開客戶繁忙的時段。

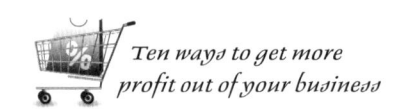

- 如果沒有請客戶吃飯的必要，最好避開吃飯時間拜訪。
- 晚飯後最好不要打擾客戶，以免打擾到對方與家人的美好時光。
- 約見客戶時，若臨近重大節日，可以為客戶準備一份小禮物或禮盒，如粽子、月餅。
- 約定的時間要保留稍微的彈性，但仍要謹守準時原則，途中若有事耽誤，要及時聯繫客戶，取得對方的諒解。

❷ 選對地點，才有助於成交

與客戶見面的地點選擇是否恰當，對能否達到預期效果起著至關重要的作用，對剛剛步入這一行的業務員來說，因為選擇地點的不當，而導致銷售失敗的情況是屢見不鮮。地點選擇不當，可能會使客戶感到束縛、不舒服，間接影響溝通的順暢度，進而影響成交。

所以，在選擇與客戶見面的場所時，一定要遵循「方便客戶、利於銷售」的原則，充分考慮客戶感受，才能得到事半功倍的效果。

成交必殺技

- 依產品的不同，選擇合適的洽談地點。對於生活消費品來說，要盡可能選在客戶家中見面，若是女性業務員則可另選適當地點；銷售辦公用品之類的，與客戶約在辦公室較適宜；銷售休閒用品，可以約在休閒場所，如咖啡廳等。
- 目的不同，場所也不一樣。單獨送禮，要避開人多的地方；與客戶群聚，應選擇有包廂的餐廳；與客戶聊一些重要、隱蔽性話題時，則以封閉性好、人少的地方為佳。

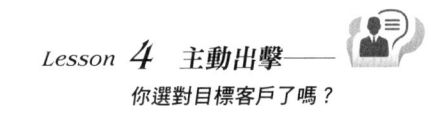

Lesson 4 主動出擊──
你選對目標客戶了嗎？

- 地點要就近選擇，減少不必要的麻煩。如果必須在交通不便的地方見面，最好親自開車去接客戶，展現你的誠意與貼心。

❸ 電話約見，一線萬金

資訊時代，電話不失為便捷的通訊工具之一。對業務員來說，電話是接近客戶最直接、最有效的方法。試想，如果你和競爭對手同時得到一條商業資訊，需要約見客戶，那你是直接登門拜訪，還是先透過電話認識客戶，促成約訪較好呢？毋庸置疑，稍有貽誤，你就錯過了商機。由此可見，電話約見的作用也是影響成交的關鍵因素之一。

「冰凍三尺非一日之寒」，電話銷售也是如此，要想提高你的銷售業績，就必須在電話行銷時掌握好「火候」，這樣才能真正得到立竿見影之效。那利用電話約見客戶時，該如何減少初次見面的唐突，從而達到有效溝通呢？

成交必殺技

- 做好計畫。首先準備一份詳盡的計畫，這個計畫要能引起客戶的注意，對你產生好感，從而積極進行約見。其中包括：開場白、產品的介紹著重點、約見客戶的方式及時機等，做到這些，你才能從容不迫，給對方留下良好的印象。

- 講話要熱情，彬彬有禮。講話熱情才能感染客戶，彬彬有禮同樣會換來客戶的禮貌回答。在接通客戶電話時，不忘將「您好」、「冒昧打擾您」、「再見」等禮貌用語掛在嘴邊，對於客戶的不解之處，要耐心查疑解難，讓客戶感受到你的熱情。

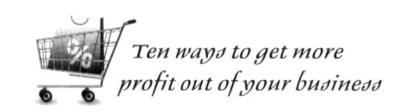

- 隨時注意手錶，掌控好時間。一般情況下，問候客戶不超過一分鐘，約見拜訪的電話不超過三分鐘；產品解說的話，則控制在八分鐘以內；若是處理問題，十五分鐘左右即可。

❹ 當面約見，與客戶面對面

利用電話和客戶打交道，是接近客戶的第一步，而真正實現產品成交的，往往是當面與客戶溝通的時候。當面約見客戶可以在無形中縮短與客戶之間的距離，進一步了解客戶的需求，並在談話中留意客戶喜歡的話題，他喜歡的話題就跟他多聊一些，盡量投其所好。有時談話的結果不重要，重要的是談話的氣氛，只要客戶喜歡你，那生意就好談了；除此以外，業務員還可以向客戶傳達更為全面的產品資訊，從而成功售出產品。

當面約見客戶雖然好處眾多，但也要掌握好其中的分寸和技巧，否則實現銷售也只能是南柯一夢。

成交必殺技

- 留心名片的使用。名片代表業務員的形象，是業務員身分的象徵，尤其是初次拜訪的客戶，一定要先表明自己的身分，雙手遞送自己的名片；當然還可以在自己的名片上，另外印上產品的圖片，供客戶參考。

- 注意自己的儀容、儀表。穿著合適、大方，形象美觀，才能讓客戶有與你交談下去的欲望。

- 不要一張口便談生意。與客戶交談時，千萬不要一開口就直截了當地談生意，可先與客戶閒話家常一番，然後再步步深入，這樣客戶對你的防備就會大大降低。

Lesson **4** 主動出擊——
你選對目標客戶了嗎？

銷售加分題

客戶拒絕的十大藉口及應對方法

　　銷售便是從拒絕開始的，是每位業務員不得不面對的課題。有的客戶嘴上雖然說拒絕，對產品卻愛不釋手，表現出一種欲購不能、欲罷不忍的樣子。可見，有時客戶並不是真的拒絕，拒絕只是藉口，他其實是想為自己爭取更多的優惠，或是找一個恰當的購買時機和理由。因此，業務員一定要學會辨別客戶是真心拒絕，還是在為拒絕找藉口，這樣你才能挖掘出客戶背後的商機。

　　以下列舉客戶拒絕的十大藉口及應對方法，希望對各位有所幫助，盡快實現成交。

藉口一：「我沒錢」或「我身上現金不夠」

◉ 客戶心理剖析：
　1. 想降低價格。
　2. 對產品確實不感興趣，不想購買。
　3. 真的沒有那麼多錢。
　4. 平時生活較為節儉，產品價格超出客戶能接受的底線。

◉ 應對建議：
　　針對這種情況，可以巧妙地運用幽默詼諧的話語，找到客戶背後真實的想法，從而消除客戶心中的疑慮，讓客戶有物超所值的感受，認為產品是值得的，進而下定決心購買。

◉ **應對口才：**

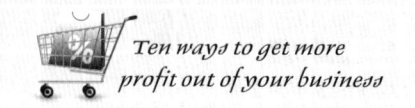

「我能夠理解，但正是因為沒有錢，所以我們才更要購買品質有保障的產品，若能長時間使用，不就達到省錢的目的了嗎？」

「您真會開玩笑，看您的穿著品味，就知道您在工作、生活方面一定很講究，再怎麼樣都比我們這些小職員經濟寬裕多了？」

「謝謝您願意說出內心的想法。但這點您絕對可以放心，我們的產品都是站在消費者思考，以最少的資金來創造最大的利潤，為您達到省錢的目的。」

藉口二：「我沒有時間」

◉ **客戶心理剖析：**

1. 對產品不感興趣。
2. 真的沒有時間。
3. 價格有點貴，若降價的話，我還可以考慮。

◉ **應對建議：**

遇到這種藉口，就要用理解的口吻去回應客戶，弄清客戶背後的真實原因，然後喚醒客戶的購買意識，讓他們產生危機感，願意付出時間與你溝通，才有機會成交。

◉ **應對口才：**

「我知道像您這樣的成功人士一向是很忙的。但我們的產品便是以效能著稱，對您肯定大有助益。如果您感興趣的話，請給我一個方便的時間，我一定親自登門拜訪。」

「先生，請給我最多三分鐘的時間。據可靠消息我知道您的競爭對手

Lesson 4 主動出擊——
你選對目標客戶了嗎？

已經購買這種新產品了。您看……」

藉口三：「你們的產品太貴了」

◉ **客戶心理剖析：**

　1. 降價。

　2. 不想購買，說價格高只是為了脫身。

　3. 產品的確超過了客戶的承受範圍。

◉ **應對建議：**

　1. 關注客戶表情，如果客戶表情驚異，說明客戶真的承受不了這樣的價格；客戶表情若沒有多大變化，說明客戶可以接受這樣的價格，只是想將價格再壓低一些。

　2. 適時轉移客戶的注意力，將價格轉化為價值，進一步強調產品的優勢，必要時，可以拿競爭對手的產品進行比較，來突顯自家產品或服務的優勢；當然也可以採取價格分解法，從而讓客戶為購買產品下定決心。

◉ **應對口才：**

　「『一分錢一分貨』，我們的產品雖然貴了點，但品質絕對有保障。您看這是我們的品質保證書……」

　「先生，我們公司的產品確實比較貴，但這正是我自豪的地方，因為只有最好的公司，才能銷售最好的產品，也只有最好的產品才能賣出最好的價錢。我們都知道好貨不便宜，但您為什麼要買勉強過得去的產品呢？如果長時間使用的話，分攤下來的成本反而會比較低，您同意嗎？」

　「這組平底鍋要價 4,980 元，我也覺得有點貴。但至少可以讓您使用五年不成問題，每天才花不到 3 元，這樣您還覺得貴嗎？」

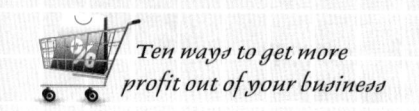

藉口四：「我考慮一下再和你聯絡」

◉ **客戶心理剖析：**

　　1. 產品有點貴。

　　2. 產品的品質值這個價錢嗎？

　　3. 我有這方面的需求嗎？

◉ **應對建議：**

　　業務員首先應該弄清楚客戶背後的隱患是什麼，同時表現出自信和真誠，讓客戶感受到這種氛圍，那顧慮自然也會被成功掃除。當然，你也可以主動出擊，向客戶施壓，反客為主。

◉ **應對口才：**

　　「坦白講，先生，您現在考慮的第一件事是什麼？價格問題嗎？」

　　「我知道了，先生，您先考慮，但這件產品真的很搶手，我可以先為您保留一天。明天下午我再給您打電話，還是您明天上午就可以做出決定呢？」

　　「先生，我們這裡有一套產品保證書，產品雖然貴，但完全可以放心。」

藉口五：「我得徵求一下家人的意見」

◉ **客戶心理剖析：**

　　1. 降價。

　　2. 不好意思當面拒絕，為自己找脫身的藉口。

　　3. 不是決策者。

　　4. 我有這方面的需求嗎？

Lesson 4　主動出擊——
你選對目標客戶了嗎？

◉ **應對建議：**

　　遇到這類藉口，就應該透過激將法或讚美恭維，讓客戶當場做決定，但如果客戶執意與家人商量，那就要尊重客戶的決定。另外還要及時與客戶約定溝通的具體時間，在展現個人修養的同時，也要為交易留下餘地。

◉ **應對口才：**

　　「您真愛說笑呀，一看就知道您是一家之主，難道還不能做決定嗎？」

　　「這件產品充分滿足您的需求。買回去給家人一個驚喜不也很好嗎？」

　　「沒問題，您回去徵求一下家人的意見，也可以帶家人過來試用看看。要不就明天上午或下午吧，您看哪個時間合適呢？」

藉口六：「從來沒聽過這個牌子」

◉ **客戶心理剖析：**

　　1. 好奇，不知道品質怎麼樣。
　　2. 喜歡用國際品牌，品質有保證。

◉ **應對建議：**

　　這類客戶對價格沒什麼要求，他們反而比較注重產品的品牌與品質。業務員要真誠地看待客戶的問題，可以用名人代言或實際案例，來說明產品的口碑效應極好。如果產品真的是新產品或沒有名氣，也可以透過解說讓客戶明白，沒聽過不等於品質沒有保證；你也可以用一些售後服務中心多，便於服務來轉移焦點，讓客戶真正放心。

◉ **應對口才：**

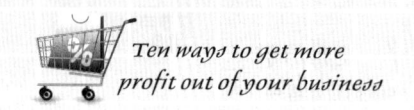

「我們家的品牌曾在電視上打過廣告，恐怕您沒有注意到吧？」

「其實，有好多品牌我們都沒聽說過，但我們也不能沒聽過，就說人家的品質沒有保障呀，您說對吧？」

「我們的產品您完全可以放心，我們的產品宣傳不靠金盃，不靠銀盃，靠得就是口碑。另外，我們在全國各地都設有專賣店和服務中心。」

藉口七：「這款產品我已經有了，不需要」

◉ **客戶心理剖析：**

1. 太貴了，我再看看其他產品吧。
2. 我已經習慣現在使用的產品，不想換新的了。
3. 沒興趣，只是找個藉口。

◉ **應對建議：**

客戶說出這樣的藉口，代表他對產品沒有購買的熱情與動機，業務員此時千萬不要急於相勸，不然只會招致對方的反感。而最好的辦法就是先和客戶閒話家常，進而將話題轉移到該產品的使用上，了解客戶使用同類產品的滿意度，以及使用年限等相關情況。如果客戶對現有產品的滿意度不夠，那業務員就要「拍案而起」，用產品優點來勾起客戶購買的欲望。

◉ **應對口才：**

「這個按摩眼罩可以幫您舒緩眼睛的壓力。您之前買的那款使用效果如何？」

「您真是識貨呢，您使用這類產品應該好多年了吧？」

「我們通常都會為新產品準備一套試用品，您可以先試用看看，再決

Lesson **4** 主動出擊──
你選對目標客戶了嗎？

定是否購買。」

藉口八：「產品值這麼多錢嗎？」

◉ **客戶心理剖析：**

1. 心裡有點心動，但擔心產品品質。
2. 覺得價格有點貴。
3. 介紹得那麼好，產品真的有那麼神奇嗎？

◉ **應對建議：**

若客戶質疑的是產品品質，業務員就要大膽、果斷地對產品表示肯定，同時臉部表情要盡量表現出自信。適當的時候，拿出具體能說明問題的品質鑑定書，還可以讓客戶親身體驗，相信他的疑慮就會煙消雲散。

◉ **應對口才：**

「當然值得了！這是我們產品的品質鑑定書，還有銷貨清單。您想，如果不值這個價，會有這麼多人購買嗎？」

「您放心，品質不好的產品我是不會推薦的，我們家和鄰居都在用這個品牌的產品。」

「值不值這個價，您不妨先試用看看，相信您會滿意的。」

藉口九：「這件產品不在我的預算之內」

◉ **客戶心理剖析：**

1. 有點心動，但找不到購買的理由。
2. 便宜點，我就買。
3. 我缺少這類產品嗎？

◉ 應對建議：

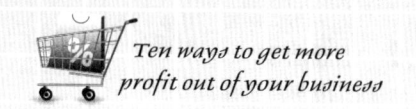

　　客戶的這種藉口，一般反應了客戶本身是一個做事有計畫，善於精打細算之人，針對這樣的客戶，業務員就要先讚美客戶做事有計畫性，以贏得客戶的歡心。然後再根據客戶本身的情況，重點講解產品的優點，或缺少這件產品的不良後果，以產品的價值來淡化價格，為客戶找到一個充分的購買理由。

◉ 應對口才：

　　「先生，一看就知道您是一個做事有計畫、有原則的人。但我們都知道，預算在一定情況下要有一定的彈性，更何況，我們的產品恰好能滿足您當下的迫切需求。希望您好好考慮一下。」

　　「沒有預算不要緊。但如果一件產品能為您減輕負擔，提高工作的競爭力，您是要讓預算控制您，還是您控制預算呢？」

藉口十：「這產品能滿足我的需求嗎？」

◉ 客戶心理剖析：

　　1. 想要一個肯定的答案。
　　2. 對產品的效果、性能存有顧慮。
　　3. 如果產品不能滿足需要，那不就是買了件不實用的東西嗎？

◉ 應對建議：

　　最好的方法就是以身試法，用自己身邊或客戶熟知的例子，來展示產品的效果。當然，如果身邊有其他客戶的話，可以借助別的客戶體驗，給客戶一個肯定的理由，從而消除顧慮，實現成交。

Lesson **4** 主動出擊——
你選對目標客戶了嗎？

◉ **應對口才：**

「先生，您不用擔心。我們的產品是專門針對您的情況為您量身訂製的，效果絕對包您滿意。當然，如果您覺得用起來沒這麼滿意，我們的產品在售出一個月內都是包退的。」

「看，產品的說明已經很清楚了，完全能滿足您的需求。」

「您可以看一下，我們對產品的追蹤調查，這些都是買過的消費者對產品的使用分享。若產品不好，我們是不會向您推薦的。」

當然，客戶拒絕的藉口還有很多，我們無法一一列舉，但業務員要記住：客戶永遠是對的。處理藉口的實用技巧無非就是把客戶的拒絕轉化為購買的理由，乘勝追擊，從而實現成交；但如果客戶不能接受自己的建議，業務員也要真誠對待，只有這樣，你的銷售才能暢通無阻。

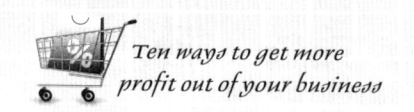

Ten ways to get more profit out of your business

銷售充電站

找到目標客戶，擁有更多成交機會

　　小歐今年二十八歲，年紀輕輕，就被公司升為「業務經理」，職位僅次於公司總經理和副總經理。小歐一畢業就來到這間傢俱公司，剛開始前兩年只是一名普通的業務員，但從第三年開始，他的業績就飛速爬升，自那年以後，業績是一年比一年出色，在公司備受同事、主管的矚目。而且讓人更為佩服的是，舉凡他開發、拜訪的客戶，成交率比其他業務員硬是高出兩倍以上，令人難以置信。

　　當同事挨家挨戶，「掃街式」尋找客戶的時候，小歐卻在商場、公園和車站裡穿梭，但千萬不要認為他這是在偷懶、不務正業，其實這就是他開發客戶的奧妙之處。他認為挨家挨戶地拜訪客戶，猶如大海撈針，既浪費時間，效率又低；所以，他選擇在大型商場門口找尋潛在客戶；在公園找那些專門跳舞或從事休閒活動的客戶；在車站找那些等車的客戶……凡是人多的地方，都可以看到小歐的身影。

　　有一次，他剛從客戶雷經理的辦公大樓出來，一位氣質不凡的男士吸引了他的目光，但沒來得及說到話，那位男士就匆忙地上了一輛高級房車離開了。起初，小歐也沒有太在意，但他隔天從傢俱展覽會場考察出來時，恰好撞見這位男士正帶著家人在挑選傢俱；小歐在遠處觀察，而這位男士一直沒有找到中意的傢俱。小歐認為自己的機會來了，趕緊記下那名男子的車號，直接打電話向雷經理打聽這位男士，得知他剛好也在這棟大樓辦公，是一間出版社的老闆。小歐再上網搜

Lesson 4　主動出擊──
你選對目標客戶了嗎？

尋一下，果真查到對方的公司資訊，進而了解到這名男士。於是，小歐拜訪雷經理的時候，都會特別注意這名男士的車是否停在樓下。某天，他看到了對方的車停在樓下，便主動到那家出版社拜訪，就這樣，小歐又談成一筆生意。

當然，他也會像別的業務員一樣上門拜訪客戶，只是他在登門拜訪前，都會提前打電話預約，以免自己吃「閉門羹」，白跑一趟。且只要預約到客戶，小歐就會馬上找出自己整理好的客戶資料，將客戶的資訊熟記於心，並且根據客戶的喜好，搜集一些相關的話題，以備不時之需。但有次拜訪，小歐還是吃了一個小小的「閉門羹」。

有一次，小歐受經理之託去拜訪一位重要的客戶，小歐拿著介紹信欣然前往，但不管什麼時間去，開門的那位老大爺總愛理不理地推辭，說要找的那個人不在，出去辦事了。小歐詢問客戶具體在家的時間，那位老大爺自始至終守口如瓶，不肯透漏一個字，但小歐沒有因此放棄，每天總是在不同的時間來回跑兩趟，跑了一個月之後，依舊沒有任何收穫；可是這對年輕氣盛的小歐來說，根本不算什麼，因為他相信自己一定能見到客戶，順利簽單。

小歐始終見不著那位客戶，於是找街坊鄰居打聽，原來開門的那位老大爺就是自己要找的客戶。隔天，他再次前去拜訪，並表明自己已得知老大爺便是他要找的人時，老大爺聽完產品介紹後，就二話不說地簽單了。那位客戶本不想與他做生意，但被他的執著與自信所感動而「投降」。

除此以外，小歐在拜訪客戶時，必帶的隨身物品就是名片。你可能會認為業務員帶名片不是最基本的嗎？但小歐的名片相當與眾不同，比別人的名片大上許多，上面除了必要的公司名稱、地址、電話

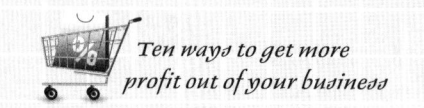

等資訊外，他還特別印製了產品照片，好似帶了一張個人暨公司的型錄出門，一切資訊一目瞭然。也正是這種耳目一新的銷售工具，讓客戶對他印象更為深刻。

就這樣，小歐從一名名不見經傳的業務員，一步步晉升為超級業務員，成交了好多筆生意，可謂名利、事業雙豐收。

小歐如今的成就給了我們哪些啟示呢？

雖然小歐剛開始也是一名極其普通的業務員，但可以看出他在工作時，善於總結、關注細節，眼光和判斷力也因而相當獨到；開發客戶時，更抱持「人無我有，人有我優」的精神，善於利用別人沒有想到的做法。另外，在生活中善於發現潛在客戶，這無一不為他的成功確立穩固的基礎。

作為業務員，應該學習小歐哪些經驗與技巧呢？

❶ 開發客戶，重視細節

大多數業務員都使用「掃街式」的方法，來開發客戶，但小歐「逆向思考」，去人多的地方，讓認識潛在客戶的機會大大提高。當然，平時還要多注意觀察、留意一些細節問題，所謂「生活處處是學問」，對業務而言，生活中真的到處都是客戶。

❷ 注意自身修練，氣場也能感染客戶

面對客戶的拒絕，小歐不但沒有退縮，反而更積極每天登門拜訪，用他的自信與執著，成功感動了客戶；所以生意的成功與否，就看你能不能堅持住。小歐正是以他的「氣場」，讓客戶在無形中為之動容。

Lesson 4 主動出擊——
你選對目標客戶了嗎？

因此，在平時工作、生活中，要注意自己氣場的修練，時刻關注自己的心態與做事風格，讓客戶發自內心地購買你的產品。

❸ 銷售道具要有特色

試想你與競爭對手同時去拜訪一位客戶，如果你的銷售道具沒有特色，該如何吸引客戶的注意力，讓客戶關注你的產品呢？只有讓你的銷售道具與眾不同，這樣客戶翻看這些資料時，才會有深刻的印象，感受到你的用心。如果你認為那只是一張名片而已，根本無須費心，那你離超級業務員就真的差得遠了。

Lesson 5

產品介紹

Ten ways to get more
profit out of
your business

瞬間激起客戶的興趣

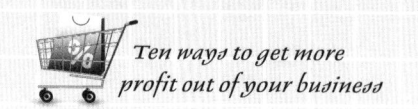

銷售諮詢室

大訂單搞不定，小訂單又不盡理想，我該怎麼辦？

★ Requesting for help ★

尊敬的王老師：

您好！我是台中的讀者，我姓楊。先前買過您一本銷售題材的書，看完後覺得您在銷售方面很有一套，所以想透過電子郵件向您請教一些問題。

我目前在台中一家電話行銷公司上班，工作性質主要以電話行銷販售兒童套書、百科全書為主，我已工作一年多了，由於面臨結婚生子、養家餬口、照顧父母等重任，所以壓力比較大。平時工作也很努力，可是只要遇到大訂單就是做不下來，小訂單也做得不盡理想。像我們這種，也就指望做幾個金額大點的訂單賺些錢，但現實的殘酷，讓我很鬱悶，在此想請王老師給我一點建議，看還有哪些地方是要特別注意，謝謝！

Dr. Wang's advice

小楊您好：

很高興收到你的來信，可以看出你是一名非常努力，且積極向上的業務員，這一點非常棒。

Lesson 5　產品介紹——
瞬間激起客戶的興趣

一年的銷售經驗，時間其實不算太長，尤其是你這個行業，不像廣告業那麼立竿見影，這一年可能大多是在累積銷售經驗和客戶，在收入上可能也只是持平，壓力因此相對比較大。針對你這種情況，我有以下幾點建議供你參考。

❶ 要堅持，並繼續努力

假期多去戶外走走，平時可關注一些同業的業務社團、FB 臉書，或參加一些聚會。記住，你把時間花在哪裡，你的成就便在哪裡，這樣做的好處有兩個：其一，擴展自己的人脈；其二，緩解壓力，讓自己保持樂觀。

❷ 做好小單，爭取大單

尤其是大筆訂單，若自己做不下來，可以請你的主管或經理幫忙，哪怕獎金分給他們一部分也好，只要邁出這一步，累積了經驗，大訂單也就慢慢多了。

❸ 多與你的主管溝通

業績不佳時，你不但可以請他們給你一些建議和分析，還能讓他們知道你雖然業績不理想，但卻很努力想改善、進步。

❹ 針對自己的情況，做出職業規劃

即使你不知道未來如何規劃，但至少要制定一個短期計畫，一年、兩年或三年內要實現的目標，這樣你工作起來才會更有動力。

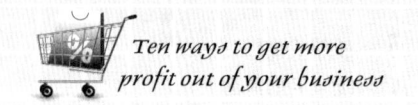

希望我的建議對你的工作能有所幫助,最後祝你業績長紅!

★ Case analysis ★

作為一名業務員,尤其是一名業務新手,小楊遇到的問題很具代表性,這封來信反應了銷售工作中兩個非常重要的問題:

其一,銷售是一份僅次於總統的偉大職業,但做好這份工作其實不容易,因為業務的工作壓力並非人人都能承受。

其二,銷售的關鍵是成交,成交高於一切。對業務員而言,任何一次的成交都來之不易,尤其是重點客戶的大單,更需要業務員付出十二萬分的努力。

小楊做了一年的業務,還不算一位經驗豐富的業務員,而且這個時期的他正處於一個職業敏感期,外界帶給他的新鮮感和個人原有的熱情都已消耗殆盡,如果業績又很一般或較差,就很容易喪失信心、選擇放棄。所以,要想走出困境,單憑幾句自我激勵的口號是沒有用的,必須行動起來,採取一些具體的措施,筆者因而給小楊提出以上四點建議。

Lesson 5 產品介紹——
瞬間激起客戶的興趣

5-1 先交朋友，再談銷售

俗話說：「人脈決定命脈。」對生意人來說，人脈毫無疑問地有著舉足輕重的作用，同樣地，銷售也是如此。曾有位超級業務員說過，他認為最有價值的銷售經驗就是：「與每個客戶成為朋友。」可見，業務員最大的命脈即為客戶，只要把握住這根命脈，為自己的工作打造出雄厚的客戶資源，那必能在銷售中如魚得水，獲得更多的成交機會，訂單源源不絕；因此，業務員一定要學會和客戶「搏感情」。

當然，與每個客戶搞好關係、成為朋友並非易事，因為業務員與客戶的工作背景、想法，甚至是價值觀都相差甚遠，雙方在互不了解的情況下要成為朋友，更是難上加難。那是否有辦法順利與客戶交朋友呢？以下提供幾點供讀者參考。

❶ 給客戶一個良好的印象

若要與客戶交朋友，第一印象尤為重要，因為第一印象往往就是客戶對你的最終印象。所以在面見客戶時，一定要注意自己的形象，當然具體的做法，一定要在完全了解客戶的基礎上投其所好，讓客戶覺得彼此氣味相投，願意交你這個朋友。

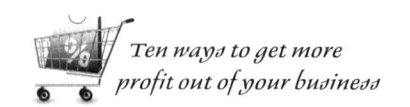

Ten ways to get more profit out of your business

❷ 充分了解你的客戶

想要與客戶成為朋友,首先就是要了解、熟悉你的客戶,找出他的性格特徵,為你們共同的聊天話題打下良好的基礎。

成交必殺技

- 無論是初次見面還是再次回訪,業務員最好能記住並在第一時間便準確地喊出客戶的名字。
- 經由客戶的愛好、習慣等方面,找一些讓客戶感興趣的話題,盡可能使雙方相談甚歡。
- 養成每天學習的習慣,無論是科學新知、經濟趨勢,還是文學、新聞、運動等,廣泛涉獵,才能找到與客戶交談的共同話題。
- 記住客戶的生日等相關的重要節日,在當天給對方一份驚喜,與客戶拉近關係。

❸ 展現個人修養

人人都喜歡與具備良好個人修養的人來往,客戶當然也不例外,若想獲得客戶更多的青睞與好感,就一定要在個人修養上下足功夫,贏得客戶的「芳心」。

個人修養不僅表現在態度方面,更體現在行為方面,業務員對待客戶時,應該謙虛、謹慎、熱情,勇於承認產品的缺陷,但也要把握好「度」;另一方面要做到「言必信,行必果」。對客戶的祕密要守口如瓶,絕不向外人提及,答應客戶的事就要做到,倘若臨時出狀況,也要主動告訴對方

Lesson **5** 產品介紹——
瞬間激起客戶的興趣

原因,求得諒解。因此,業務員在做出承諾前,應該遵循三個原則:事前仔細掂量;事中要謹慎;事後盡快履行,只有這樣,才能真正獲得客戶的好感與信賴。

另外,在與客戶見面或介紹產品的時候,聲音要洪亮,並用肯定的語氣,盡量避免否定話語,這樣才能展現你的自信魅力。

④ 懂得換位心理

「顧客就是上帝」,在與客戶接觸的過程中,業務員要多為客戶著想,從客戶的利益出發,主動為他們提供幫助;當客戶對產品存有質疑時,要第一時間解決,盡量不與「上帝」發生爭議。這樣不僅能讓客戶感受到你的熱情與親和力,也能讓客戶對你有所求,從而更加重視你。

⑤ 心中長存時間觀念

與客戶交朋友,並不是要你一直找話題,進行「馬拉松」式的聊天,時間越長越好;要知道時間就是金錢,客戶願意接待你,就是給你銷售自己和產品的機會。因此,業務員一定要把握好談話時機,盡可能用最簡潔的話語,在最短的時間內「俘虜」客戶,讓他打從內心願意與你交談,認為與你成為朋友是有收穫的,那銷售就成功了一半。

⑥ 接近客戶前,要先培養共同愛好

「酒逢知己千杯少,話不投機半句多。」與客戶交往時,一定要事先做好準備,營造出客戶對你一見如故,甚至有種相見恨晚的感覺。只有這樣,才能吸引客戶,讓他想與你交往,進而讓雙方有更深入的了解。

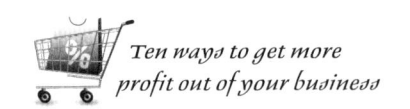

Ten ways to get more profit out of your business

⑦ 加強與客戶之間的往來

每個客戶的背後都有好幾百個潛在客戶,尤其是當你發現其中有些客戶資源非常好,但你們之間只見過面、說過話而已,根本談不上什麼熟識,那為了爭取高業績,你就要積極採取措施,加強與客戶的往來,發展個人關係。

成交必殺技

- 從關心客戶著手,及時透過電話、FB、E-mail 等方式,為他們提供有用的資訊和建議。
- 多參加一些產品展銷會或俱樂部活動等,為自己製造接近潛在客戶的機會。
- 幫客戶一些小忙,單純只是想讓客戶方便,而不是希望他們能回報什麼。
- 將新產品的宣傳文宣附加圖片,或搭配見證分享發給客戶,讓客戶能即時了解產品資訊,並加強追蹤、聯繫。

友情在銷售中往往能起到舉足輕重的作用,只要你能和客戶成為朋友,並時刻保持良好關係,讓客戶對你產生喜歡、依賴之情,即使你的產品和價格與競爭對手不相上下,那客戶還是會願意選擇你的產品,指定找你購買。只要客戶覺得和你交情不一樣,你自然就更容易成交每一筆單。

Lesson 5 產品介紹──
瞬間激起客戶的興趣

5-2 為產品準備一套有效說詞

在銷售溝通中，若想在短時間內激起客戶的購買欲，最有效的方法就是讓你的介紹更生動，如果做不到這一點，那你與客戶之間的溝通會非常吃力。

當然，讓客戶對產品產生興趣是一個循序漸進的過程，俗話說：「一口吃不了胖子」，客戶的胃口也需要慢慢養，千萬不能操之過急。因此，要想吸引客戶的目光，愛上你的產品，首先就要在介紹方面多做文章，為產品準備一套有效的說辭，從而讓產品的介紹更生動有效。

然而產品種類、規格繁多，且各有特色，業務員面對所有的產品，不可能用同一種方法來「套牢」客戶的心。但綜觀大千產品，其實可以總結歸納出三種類型，只要業務員能把握住各種產品類型的介紹技巧，視情況交互應用，你的介紹就會相當有說服力。

那業務員該如何利用產品類型的不同，來實現自己的銷售呢？

❶ 知名品牌的一線產品，實際舉例更有效

這種品牌的產品幾乎人人皆知，受到明星或名人代言的影響，產品的知名度與影響力更不容小覷。這種知名度高的產品，它們的顯著特徵就是口碑好、品質優、服務全，附加價值也較高；因此，業務員在銷售這類產

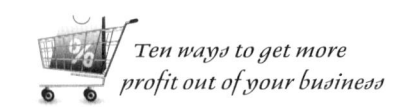

品時，若是運用舉例說明法來說服客戶，未嘗不是一個明智之舉？一方面借助一些有名氣、有影響力的人，增加產品的關注度與吸引力，獲得客戶的信任，另一方面又可以省去直接介紹產品的麻煩，能很輕易地讓客戶買下你的產品。

相反地，知名度不高的產品，運用這種方法，反而會讓客戶摸不著頭緒。但在舉例時，業務員要圍繞產品銷售這一主題，實事求是，如果不小心說錯話，讓客戶留下「把柄」，那就別指望能談成訂單了。

❷ 操作型產品，不妨親身示範

這類產品的顯著特點就是可操作性強，倘若只是陳列在架上，客戶明知道是件產品，但卻不知道使用的妙處在哪裡。很多時候都是沒有經驗的業務員在介紹這類產品時，說的句句動聽，興致勃勃、口沫橫飛，但客戶卻是一臉茫然、不為所動，導致業務員以為是自己的解說不到位，只好再加大滔滔不絕的力度，最終還是沒能挽留住客戶。這究竟是為什麼呢？

其實，針對這類產品，與其空泛地介紹產品，倒不如親身示範，讓客戶自己感受產品的特性、效用及優點，這樣會更具有說服力。「百聞不如一見」，只要邀請客戶一起參與，更能增加客戶對產品的了解。

成交必殺技

● 示範產品時，要和客戶有互動，讓客戶參與進來，直接體驗產品的效用。例如：如果你銷售的是電器，就應該接上電源，讓客戶親眼看到或親身感受到產品的運作效果；如果你賣的是美妝用品，那就拿出試用品，替客戶試擦、試塗或是讓客戶感受產品的味道、質地；如果銷售的是傢俱，那就讓客戶親手觸摸或坐上去、躺上去親身體驗。

Lesson 5 產品介紹——
瞬間激起客戶的興趣

- 要注意展示的步驟，隨時留意客戶的反應，及時幫助客戶解決疑問，在展示的過程中，逐步贏得客戶的信任，促使成交。
- 在客戶體驗產品之前，首先就是要熟練產品的使用方法，使用不當或不熟練，都會讓客戶留下產品難以使用的負面印象。

❸ 可有可無的產品，請將不如激將

這類型的產品往往不起眼，在客戶心目中也是可有可無，並不會影響到日常生活；也就是說，這類產品使用壽命非常長久，根本不會經常購買。當然，使用年限較長的產品，客戶在購買時，就越會挑三揀四，挑剔不斷，而這種情況發生的前提，通常是客戶已經認可了你的產品，無非是希望價格能再優惠一些而已。一般情況下，客戶對你的產品挑剔得越厲害，你就越能達成交易，面對這種情況，業務員不妨「旁敲側擊」，幫助客戶挑剔，拋磚引玉，這樣客戶挑剔得越厲害，就越會忍不住購買，達到「請將不如激將」的目的。

遇上購買產品拖拖拉拉、猶豫不決的客戶，激將法能一針見血，促成交易。好比客戶猶豫不決，無法做出決定時，業務員就可以這麼激：「我看您還是先回家詢問一下家人的意見，再決定是否購買吧！」

而且激將法還能有效防止準客戶過分砍價。例如客戶一味地「進攻」價格，要求降價時，業務員可以直接了當地說：「如果這件產品的價格您不滿意，是否要考慮看看別的款式？雖然這件產品價格比較高，但它就高在品質上，這就是它的附加價值。再說了，買件品質好的產品，可以多用幾年，省下的錢遠高於一件品質差的產品。如果買件品質稍差的產品，動不動就故障、出狀況，說不定還會有人笑話您愛撿便宜，您說是吧？」

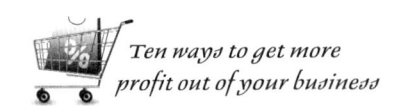

而對於一些妄自菲薄、傲慢固執的客戶，業務員在運用激將法時，可以適當地用一些極具諷刺意味的刺激性話語，來削減客戶這種目中無人的氣勢。

每個人都愛面子，客戶更是如此，所以在運用激將法時要特別謹慎，一定要注意時機的掌握，用句要自然，千萬不能傷到客戶的自尊心。

總之，業務員在銷售產品前，一定要區分好產品的類型，熟知產品的基本功能、特性等內容，然後根據不同類型的產品，因地制宜地採用各種銷售技巧，將產品的優點介紹給客戶，你的介紹才能行之有效，收服客戶的心。

Lesson 5　產品介紹──
瞬間激起客戶的興趣

5-3 說得動聽，說得有序，有步驟地進行產品介紹

業務的工作就是實現成交，而銷售的第一步就是將產品介紹出去，那怎樣介紹產品，才易於客戶接受，又同時激發他們購買的欲望呢？有步驟、有條理地介紹產品便不失為一個好方法，若事先設定好步驟，業務員就處於主動地位，在很大程度上，你已主宰了客戶的思想，佔有銷售優勢。由此看來，掌握介紹產品的基本步驟是每個業務員必備的「殺手鐧」。

❶ 首先介紹產品的基本特徵

如果說銷售有 95% 靠的是熱情，那剩下 5% 靠的就是產品知識。巧婦難為無米之炊，無論業務員口才再好，如果不具備完善的專業知識也無濟於事。所以，在介紹產品時，首先就是要將產品的基本特徵順暢且流利地介紹給客戶，只有這樣，客戶才能初步了解你的產品，確定購買與否。當然，產品的基本特徵包括名稱、型號、規格、功能、價格等方面。

❷ 著重強調產品優勢

客戶的需求是購買產品的前提，但市場上能滿足客戶需求的產品各式各樣，要如何做才能讓客戶選擇你的產品呢？這時，產品優勢便是關鍵。但業務員也不能為了讓自己的產品更有賣點，過分貶低競爭對手的產

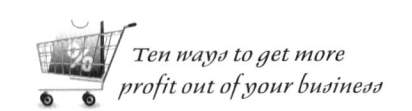

Ten ways to get more profit out of your business

品,將其說得一無是處;你反而是要運用正確的方法,透過比較,讓客戶看到自己產品的優點。因此,我們必須學會利用自己產品的優勢,來達到吸引客戶的目的。

成交必殺技

- 品牌效應。產品的品牌知名度已成為大多數消費者選購產品的關注點。但並不是產品的知名度越高,成交率就越大。因為現在客戶都比較理智,「只選對的,不選貴的」,所以業務員應該區別對待。對於一線品牌,介紹的重點是口碑、品質、服務等方面帶來的附加價值;二線品牌重在突顯出 CP 值,不知名的品牌就要拿出證據來證實產品品質、售後服務有保障等。

- 價格優勢。價格是影響客戶購買產品的一個關鍵因素,若想把價格優勢毫不保留地介紹給客戶,就要在了解自己產品的同時,關注其他同類產品的資訊,與同類產品比較,然後向客戶證明你的產品優勢,從而引導客戶正確地看待價格差異。

- 特殊優勢。業務員在介紹產品時,要著重與其他同類產品進行對比,讓自己的產品在外觀設計、品質等方面顯現出獨特優勢,從而使自己的產品更能吸引客戶的目光。

③ 產品帶來的利益

潛能開發大師博恩・崔西(Brian Tracy)說過:「銷售,不是銷售產品,而是在銷售產品給客戶帶來的好處。」誠然,在向客戶介紹產品時,直接陳述產品的利益和好處,更能打動客戶的心,勾起客戶的購買欲。

Lesson 5 產品介紹──
瞬間激起客戶的興趣

④ 介紹產品的售後服務

好的產品，其售後服務相對較為完善，而具備完善的售後服務，就猶如給客戶吃了一顆「定心丸」，況且現在的客戶都十分重視售後服務的期限、態度等。因此，要想讓自己的產品在市場上佔有一席之地，得到長久發展，向客戶介紹產品品質的同時，還要重點介紹一下產品的售後服務。即便是客戶忽略了這一點，業務員也應該主動提出來特別強調一下，以便客戶更放心地購買。

有步驟、有順序地介紹產品，讓客戶覺得你是一名專業的銷售顧問，不僅如此，客戶還會欣然接受產品的特點和優勢。因此，在介紹產品時，不僅要說得動聽，還要說得有序，這樣才能讓客戶詳細、深入地了解產品，進一步征服他們，順利成交。

業務員若想售出產品，就不能只停留在對產品誇誇其談地陳述，而是要讓客戶親眼看一看、摸一摸、試一試，先讓準客戶試用你的產品或服務，直到他割捨不下，最後決定把產品留下來為止。

另外，銷售高單價產品時，可以多加善用免費體驗，讓客人試吃、試乘、試玩、試用，藉由免費體驗的方式讓顧客上癮，了解到產品的價值所在，而願意花大錢來購買。這是因為人性都是「由奢入儉難」，住過高級飯店的人，下次還是會想訂高級飯店；開過大車的人，會一直想買大車。

在介紹產品的過程中也不要一次就把自己公司、產品等所有優勢全都告訴客戶，因為客戶是生意人，往往會出於利益的考量，若沒有完全了解產品是否會帶給他的利益或滿足自己的需求時，他們就有可能拒絕。所以，以下步驟提供你參考。

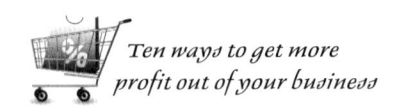

◉第一步：向客戶介紹產品的一個優點。

◉第二步：徵求客戶對這個優點的認同。

◉第三步：當客戶同意產品的優點時，就能向客戶提出成交的要求。

　　如果沒有成功，那就繼續向客戶提出新的優點，直到達成交易。這樣是不是在介紹產品上，多給了業務員能視情況靈活應用的空間呢？

Lesson 5 產品介紹──
瞬間激起客戶的興趣

5-4 用賣點征服客戶心理

　　客戶購買產品是為了滿足生活需求，沒有特色的商品是無法吸引客戶購買的；也就是說，產品與眾不同的特色，就是它的賣點。只有業務員銷售的產品能滿足客戶的需求，又贏得客戶的傾心，那客戶自然就會購買。所以，在銷售產品的時候，一定要抓住產品的賣點來介紹，才能真正引起客戶的興趣。

　　那麼，在銷售溝通上，業務員可以怎樣「老王賣瓜」呢？

❶ 卓越的品質是關鍵

　　客戶都希望買到物美價廉的產品，但即使價格再「廉」，但物不「美」，客戶也是不願意買單的。反過來講，如果業務員銷售產品時，一再強調產品的品質有保證，客戶就有可能爭相購買。儘管客戶對業務員存有防備心，但購買產品時，他們還是願意聆聽業務員的解說，因為他們知道買家永遠沒有賣家懂得多。所以，業務員就應該抓住客戶這種微妙心理，依據產品的品質，打響品質之戰，讓他們心甘情願地買單。

❷ 用顯著的功效吸引客戶

　　不同的產品具有不同的功效。一般情況下，只要產品的功效顯著，能

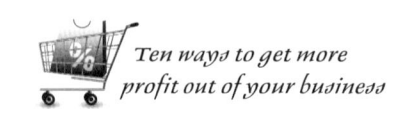

得到客戶的認可，那不論產品品質好壞、價格貴賤，客戶還是會心甘情願地掏錢購買。否則，即使業務員把產品吹噓得毫無瑕疵，天花亂墜，卻不能滿足客戶的實際需求，那最終的結果也只能乏人問津。所以，當你的產品在品質、價格、品牌等方面皆不佔優勢的情況下，不妨在產品方面多做文章，用優越的功效吸引客戶，得到客戶的認可與支持，那訂單遲早會到手。

❸ 優越的性價比（CP 值）

價格是每個客戶心中最敏感的點。當然，客戶購買產品都希望產品達到物美價廉的水準，換句話說，就是用最少的錢來買到最好的產品。性價比高的產品一般更能得到客戶的關注與青睞，如果你所銷售的產品除了價格之外，就沒有什麼優越之處，那走性價比路線是最明智的方法；因為對一些客戶而言，只要產品的價格稍低，他們往往會忽略產品的品質。當然前提是產品的品質不能讓客戶無法接受，所以，優越的性價比也是商品一個很好的賣點，只要你懂得巧妙利用，就能在短時間吸引大量客戶購買，提升你的銷售業績。

❹ 知名的品牌

從企業的角度上看，品牌最能體現企業文化的精髓；從客戶角度來看，品牌是客戶購買信心的重要來源，是影響客戶購買決定的主要因素。雖然知名品牌不限於高科技產品，但彼此有個共通之處就是品質極佳，能為客戶帶來更多的附加價值。

另外，對於這些知名品牌的產品，還能讓客戶從心底產生一種滿足感

Lesson 5 產品介紹——
瞬間激起客戶的興趣

和虛榮心。因此,如果你銷售的產品在知名度及品牌上皆佔有足夠的優勢,那你在向客戶推薦銷售時,不妨將產品的品牌作為賣點,免去一些繁瑣介紹程序,又可以贏得客戶信賴。

❺ 特殊利益,特殊賣點

是指商品除了能滿足客戶的基本需求外,還可以為客戶提供一些特殊的利益,或產品本身就能滿足客戶的特殊要求,打動客戶的心,此特殊利益便是產品的一人賣點。所以,在銷售溝通時,不要將產品的這種賣點簡單帶過,反而要著重強調產品有「一物多用」的功效。

❻ 完善的售後服務

隨著時代的發展,人們對產品的售後服務越來越重視。對於大多數客戶來說,完善的售後服務更能吸引他們,原因是當產品交易完成後,如果沒有售後服務,那產品的品質就無法得到保障,而品質沒有保障的產品,自然不會吸引消費者購買。因此,在介紹產品時,一定要強調產品的售後服務,免去客戶的後顧之憂,這樣才能加強客戶的購買意願。

業務員在展示產品時,一定要將產品的特殊賣點展示出來,這是產品競爭力的展示,也是整個產品展示的精髓。而獨特的賣點是業務員吸引客戶的法寶,唯有千方百計地讓客戶認同產品的賣點,才能引起客戶強烈的共鳴,對商品的關注和好感,從而產生購買行為,順利促成交易。

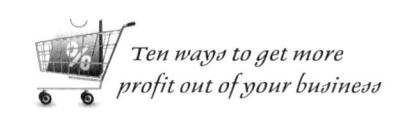

5-5 適時地暴露一點點真實

沒有一件產品是十全十美的，這點客戶心裡也十分清楚，可是在實際銷售中，當客戶問及產品的品質時，業務員總習慣性地忽略產品的缺點與不足，將其優點說得天花亂墜，不願承認或主動坦誠產品存有些缺陷。業務員這樣做，是因為他們認為這樣才能吸引客戶，讓對方盡快買單；但事實往往相反，當客戶買到自己心儀的產品時，使用之後才發現與業務員吹噓的簡直相差甚遠，因而萌生抱怨情緒，產生負面評論，不僅影響產品形象，也毀了產品的銷售前景。因此，在向客戶展示優點的同時，不妨暴露一些真實，能讓客戶更加信任你。

❶ 介紹產品時，主動說出一些無關緊要的產品缺陷

客戶不是傻瓜，他們深知世界上不存在那種完美無瑕的產品，若業務員總是不惜一切精力，過度誇耀自己的產品，不僅美化不成，反而容易引起客戶的質疑。所以，為了讓客戶放心購買，可以主動說出一些產品的缺點，這樣客戶反而會覺得你值得信任，較願意購買你的產品。

真的假不了，假的真不了，主動坦誠總比被動掩飾強得多，把無關緊要的缺點盡可能地解釋詳細，贏得客戶信任。當你在透露產品的小缺點時要特別留意，主動坦誠的缺點，一定要是無礙產品正常運作，或是客戶不

Lesson 5 產品介紹——
瞬間激起客戶的興趣

介意、普遍能被接受的部分。

❷ 微笑傾聽客戶的負面評論，並提出解決對策

客戶的批評往往有真有假，業務員要有判斷真偽的能力，因此你必須認真、耐心地聽取客戶的挑剔與抱怨，只有站在客戶的角度上冷靜分析，你才能了解客戶提出負面評論的真正原因。當然，在傾聽時，一定要保持微笑，它是化解異議的法寶，如果客戶的批評是真的，那微笑可以化解堅冰；反之，如果客戶捕風捉影，言辭有一些虛假，一個微笑便能讓大家心知肚明，又可以為客戶保留足夠的面子。

❸ 承認產品的不足之處

當客戶提出的疑慮恰好是產品本身就存在的問題，那業務員千萬不要躲躲閃閃，把缺陷當成一項祕密，欺騙客戶；一旦客戶發現你有意隱瞞產品的缺陷，未來絕對不會再找你買東西。此時最好的辦法就是主動承認，然後想辦法把客戶的注意力，轉移到產品優勢上來。

當然，承認產品的不足並不是將產品所有的問題都羅列在客戶面前，而是要將產品的優點和缺點進行比較，製作「瑕不掩瑜」的效果，從而讓客戶忽視產品的不足。但如果客戶死抓著產品缺點不放，那業務員就可以將客戶的注意力轉移到別的產品上。特別要注意的是，千萬不要誇大產品優點來欺騙客戶，因為「欺騙」是銷售最大的天敵，它會讓你的事業無法長久。

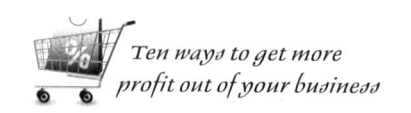

④ 承認產品缺陷有技巧

　　有時候，當你已經把產品的真實資訊告訴客戶，但客戶還是覺得你語帶保留；還有一些時候，業務員冒冒失失地將產品的不足之處說出來，結果對方無法接受而放棄購買，這種情況常常讓業務員十分困擾。由此可見，承認產品的缺陷也要掌握一定的技巧，要做到保持誠信，又不至於讓客戶在產品缺陷面前望而怯步。

　　對於可以告訴客戶的事情，業務員要態度誠懇地主動坦誠，聲東擊西地委婉表達；不方便告訴客戶的問題，則要誠實告訴客戶不方便的原因，不要遮遮掩掩。如果涉及到商業機密的問題，業務員則要嚴守口風，把祕密堅持到底。

⑤ 言必信，不開「空頭支票」

　　客戶購買產品時，具有完全的知情權，但業務員在向客戶陳述真實情況時，切忌不要為了說服客戶，而輕易向對方做出承諾，更不要承諾一些「天方夜譚」的事情；這既是對客戶負責，也是對自己負責，只有這樣，你才能留住客戶，將他變成你的長期客戶。

　　誠信是立業之本，業務員在說話時要把握好分寸，千萬不能信口開河，對於客戶的要求，如果你有把握能100%兌現，那就可以答應他，反之就要婉言相拒。但要注意的是，一旦做出承諾就要照章履行，若實在做不到，那就要及早向客戶說明、表示歉意，並在其他方面做出彌補，直到客戶滿意為止，只有真誠對待客戶，你才會深受客戶歡迎。

　　業務員的一句話，就有可能把自己產品的優勢化為劣勢，最後招致客

Lesson 5 產品介紹——
瞬間激起客戶的興趣

戶的拒絕。因此，當你在介紹產品時，要盡量簡單明瞭，運用真實可靠的資料，如果你的介紹存在誇大和虛假的資訊，必然會讓客戶對你的產品產生不良的印象與影響。

要想讓客戶了解產品的不足，又不影響產品的成交，就要讓客戶知道產品的不足，不至於影響其正常使用，並讓客戶明白產品的優勢能替他帶來超值的享受。

產品的優點固然能吸引客戶，贏得客戶的青睞，但物極必反，過度稱讚產品的優點，會給客戶一種華而不實的感覺，反而讓客戶心存疑慮。所以，業務員要學會溝通的技巧，實事求是地承認產品的缺點，在介紹產品時適時提及產品的缺點，這樣非但不會嚇走客戶，反而能讓客戶欣然接受產品的不足，進而順利購買。

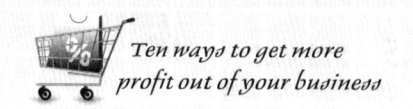

銷售加分題

業務員最容易犯的二十種錯誤

拜訪客戶不守時

每個人的時間都是寶貴的,更何況是「日理萬機」的客戶,但業務員最容易犯的錯誤就是約好客戶後,卻沒能及時赴約。也許是事出有因,或途中有任何意外發生,可是業務員心中應該明白:客戶就是上帝,失去客戶等於失去了業績,失去了成交的機會。所以,拜訪客戶時,你應該提前出發、準時抵達,倘若途中出現意外狀況,要趕緊聯繫客戶向其解釋,得到諒解後,再預約下次拜訪的時間。

沒自信,與客戶溝通時唯唯諾諾

不自信是大多數業務員容易犯的通病,在拜訪客戶時,他們總會感覺心裡沒底,不知道如何介紹自己,如何推銷產品。要知道,如果上門前你就覺得客戶會對自己說「不」,那你肯定會被人拒之門外,越是擔心,你就越不會成功。

而抑制這種心境最有效的方法,莫過於先愛上自己的產品,相信自己的產品能滿足客戶的需求,能為客戶帶來更多額外的收益;其次就是鼓勵自己,相信自己可以做到,從而放鬆心情;最後則是做好充分的準備,包括儀容、穿著、開場白等,給客戶留下良好的印象。

Lesson 5 產品介紹——
瞬間激起客戶的興趣

過於自以為是，容易得罪客戶

業務員要對自己的專業有自信，但絕不是因為比客戶了解得多、夠專業，就自以為是、目中無人。對於客戶的問題，一定要有耐心、及時地解決，時刻不忘以委婉的方式詢問客戶是否理解；而不是針對自己的講解，用鄙夷的眼光注視客戶，甚至用「專家」的口吻問：「我已經講得很透徹了，您能理解嗎？」、「這麼簡單的問題，還要再講一次呀？」等等，這樣只會引起客戶的反感、不舒服，對取得訂單有害無益。因此，時刻記住：客戶就是上帝，你要讓客戶有一種「做上帝」的感覺，客戶才會樂於接受你的產品。

恐懼，而且害怕被拒絕

恐懼是業務員實現成交最大的敵人，因為恐懼，他們不敢敲客戶的門；因為恐懼，他們不知道怎麼與客戶進行有效溝通。要知道，銷售就是一個不斷開發、拜訪客戶的過程，銷售成功的關鍵就是縮短客戶之間的距離，與客戶建立良好的關係，進而消除客戶的疑慮，完成交易。

因此，要記住增強自信，換個角度看問題，即使被拒絕，也可以利用這個機會了解客戶不買的原因，對日後的業務發展很有幫助。

不專業，一問三不知

成功的業務員往往能對客戶的問題回答得滴水不漏，讓客戶無可挑剔，這也是他們能贏得客戶信任的不二法寶。反之，如果業務員給予不當的答覆，甚至是一問三不知，無疑是給客戶潑了一盆冷水，澆熄他們購買

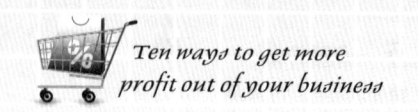

的意願。

除了平時的自我充實外，業務員要積極參加公司培訓，不懂的問題要及時請教資歷較深的前輩，切記不要將「不知道」放在嘴邊。

銷售無計畫性

銷售不是一件「碰運氣」的工作，業務員千萬不要抱著「計畫沒有變化快」的想法，而不訂立計畫。因為計畫是行動的嚮導，在面見客戶前，訂好自己的目標，準備好自己的講解方式和內容，才能在遇到狀況時不慌亂，給客戶良好且專業的印象，贏得客戶的好感。

介紹產品無重點

對產品的介紹缺乏清晰的思路和方法，不能找到客戶的需求點，因而在介紹產品時不能言及重點，無法把產品的利益點準確傳達給客戶，以致浪費雙方大量的時間。所以，業務員要多向資深業務請教，充分了解客戶的需求，釐清客戶關心的利益點，做到有的放矢，遊刃有餘。

時間觀念不強

拜訪過於冗長，很容易讓客戶產生反感乃至厭倦的情緒，對於開發其他新客戶來說，無疑也是一種時間上的浪費。事先與客戶預約多久的時間，就要盡可能地遵守，如果等客戶下逐客令後才恍然大悟，這樣就有點難堪了。所以，我們要學會時間管理，並進行客戶分類，盡可能地將時間投入在較有成交機會的客戶身上。

Lesson 5 產品介紹──
瞬間激起客戶的興趣

認為銷售沒前途

一些業務員輕視做業務這一行，認為這個職業的地位不高，沒什麼前途，總是萎靡不振、無精打采，客戶看了也不想和這種人多聊幾句，即使產品再出眾，也無法引起客戶的興趣。

其實銷售是一份極具挑戰性的工作，業務員要正確認識自己的工作，了解未來的發展方向，及時為自己設下職業生涯規劃，有目標，才會有前進的動力。

過早透露產品的價格

只要客戶問及產品的價格，大多業務員都會很著急地把價格透露出來。要知道，過早亮出產品價格，只會成為對手攻擊或客戶異議的目標，讓你在銷售中喪失主導權。所以，報價最好的時機應該是在與客戶充分溝通後、即將成功前，這樣才能大幅減少客戶討價還價的情況發生。

講的太多，聽的太少

業務員都會擔心因為自己的疏忽或講解不到位，讓客戶對產品沒有信心，所以與客戶溝通時總會一股腦地說個不停，完全忽略掉傾聽者的角色。頂尖的業務員都知道，過多的陳述只會引起客戶的反感，不利於挖掘客戶的內在資訊；因此，與客戶溝通時盡量少說多聽，不僅能表現出對客戶的尊重，也有利於找到客戶的需求點，主動出擊，一舉攻克，訂單自然到手。

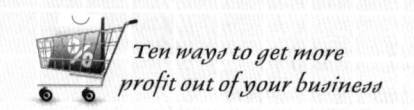

沒有耐心

業務員不僅要擅於與客戶溝通，還要擁有足夠的耐心，這樣你才能慢慢引導客戶，讓他對產品產生需求。這個過程是非常緩慢和艱苦的。如果過於急躁，只會讓客戶敬而遠之，產生抵觸情緒，不利於銷售。

開門見山地介紹產品

這是大多數業務員最常犯的錯誤，尤其是在初次約見客戶時，在沒有充分了解客戶，找到客戶的需求點前，就急於介紹產品，希望能早點實現交易。但往往適得其反，浪費了大量時間，最後發現客戶根本沒有決策權；為了避免這種情況發生，一定要先了解客戶，再詳細介紹自己的產品，然後在適當的時機把產品特點舉出來，給競爭對手致命一擊。

沒有明確的目標

有的業務員不懂得事先規劃自己的行程，在沒有明確目標的前提下，就去拜訪潛在客戶，結果偏離自己的軌道，與客戶大玩「文字遊戲」，最終一無所獲。要知道，一個完善的規劃，能使你的工作進展順利，完成預期的目標；沒有計畫的業務員，在工作時會無從下手，最後一無所獲。

喜歡誇大吹噓

一些業務員為了銷售，往往會不顧一切地過度宣傳自己的產品，甚至是扭曲事實，誇大產品功效，把產品吹噓得是無所不能，認為這樣就能激起客戶購買的興趣，殊不知這樣其實會害到自己。當客戶發現產品根本不

Lesson 5　產品介紹──
瞬間激起客戶的興趣

像業務員說的如此神奇的時候，會有種被騙的感覺，氣憤之餘，就再也不會向這位業務員購買，甚至牴觸這間公司的產品，那銷售之路便從此夭折。你要記住：真誠，才能真正打動客戶的心。

光說不練，不付諸於行動

　　銷售是一項身體力行的職業，有些業務員口才流利，侃侃而談，但他們只會「紙上談兵」，在實際工作中往往沒有績效，對於「加油」、「努力工作，創造業績」一類的詞句，更是引用不輟，像這樣光說不練、只會喊口號的業務員，可說是公司的無用之才，千萬別期待他們有什麼成就。

　　銷售的首要之務就是「勤」，如果業務員不積極開發、拜訪客戶，光出一張嘴，任何銷售技巧都無法對其發揮益處；早起的鳥兒有蟲吃，充滿行動力的業務員才會有業績。

與客戶爭辯

　　在銷售中，與客戶產生爭執是一大禁忌，對業務員來說，爭辯不是銷售技巧，無論客戶對產品如何百般挑剔，你都要順著客戶的「意」來進行銷售。如果與客戶發生爭辯，無論輸贏，都會讓客戶購買的興趣蕩然無存，無益於你的銷售。因此，業務員斷不可與客戶發生衝突，時刻保持禮貌、謙遜的態度，拉近與客戶之間的距離，才能讓你在人際關係與銷售方面獲得雙豐收。

惰性大，不肯吃苦

　　業務是非常辛苦的工作，也是最能鍛鍊人的工作，但有些業務員卻好

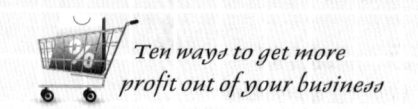

逸惡勞、害怕吃苦。當別人四處開發客戶的時候，他們卻在公司喝咖啡，以為打幾通電話就能談成生意，甚至不願前往拜訪，為客戶介紹產品乃至提供服務。很明顯，這些人最終只會一事無成，阻礙自己的事業發展；要想獲得成功，就必須改掉懶惰的習慣，多跑、多說、多動腦，謹記天道酬勤，成功總是青睞有準備的人。

拿了錢就走人

業務員從走進客戶的家到離開，一言一行都會對客戶的購買決策產生影響。如果業務員一簽好訂單，拿了錢就馬上帶著自己的產品向客戶告別，會讓客戶在心中產生懷疑，覺得你就是想盡一切方法讓他買，付完錢後，未來若有什麼問題，想再見到業務員就難了，自己買的產品、服務根本沒有保障。如果客戶產生這種念頭，不僅對公司印象不好，甚至可能因此取消訂單或退貨，為了避免發生這種情況，在成交後，仍要維持謹慎的態度，做一個完美的結尾。

售後服務有名無實

客戶尋求售後服務時，若業務員感到不耐煩，甚至藉故拖延，不予理會，這些錯誤的做事態度，都會影響到你的銷售業績，因為客戶一定會將種種不滿及遭遇，告訴親朋好友或街坊鄰居，一傳十、十傳百，到時產品的口碑不好，你又要如何能有好業績？

Lesson 5 產品介紹——
瞬間激起客戶的興趣

銷售充電站

輸掉訂單不打緊，重點在於贏得客戶的心

看到李小姐，她那嬌嫩的臉龐，令人羨慕不已的身材，你絕對想不到她已經五十多歲了，更想不到她僅靠著小品牌的化妝品，便打下自己的一片江山，成為擁有千萬身家的「一姐」。追溯到幾年前，李小姐也只是一位普通的化妝品銷售員，你想知道她是如何靠著這點微薄的薪水，一步一步實現人生價值的嗎？

剛從事化妝品銷售員時，李小姐因為年紀稍大，對化妝一竅不通，所以公司那些資深業務員、主管都不看好她，有時甚至對她不屑一顧，總對她呼來喚去，要她倒茶沏水，儼然把她當成一名傭人使喚，但李小姐卻樂此不疲。因為平時沒什麼機會接待客戶，所以李小姐有許多時間能學習化妝品知識，彌補原先的不足；且她知道，如果想要客戶購買產品，首先就是要親身試用，讓客戶感覺到產品的特色，這樣才能贏得客戶的信任。因此，李小姐積極參加公司的培訓課程，並利用閒暇時間為自己做造型，廣泛涉獵一些髮型、服裝搭配的知識。

某天，李小姐的第一筆生意終於上門了。那天，同事們聚在一起有說有笑，公司進來一位男士，他的褲子挽在腿上，腳上穿著一雙拖鞋，像這樣打扮的人，況且又是一位男士，沒有人會認為他是來買化妝品的，所以大家都假裝沒看到，沒人想去招呼。李小姐見狀，就想：進來公司的人，都有可能是我們的客戶，即使不是的話，也可以借此機會練練自己的銷售技巧。於是，李小姐抱著姑且一試的態度，熱情

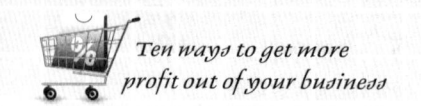

Ten ways to get more profit out of your business

地接待了那位先生。經過簡單的自我介紹後，李小姐並沒有馬上向他銷售產品，而是把他當做朋友，和他聊聊工作、談家庭、談生活，兩人慢慢地熟悉起來，那位先生也對李小姐產生了信任。

原來這位先生剛成立一家小公司，準備做化妝品生意，正積極尋找貨源，但自己又缺乏這方面的知識，正為此發愁。為了幫助這位先生解決問題，李小姐為對方做簡單介紹、分析，最後客戶選擇了幾個化妝品品牌詢問李小姐的意見。為了讓客戶能深入體會，李小姐用自己的膚質狀況，向他講解各個品牌的優缺點，講述完畢之後，這位先生也沒說話，看起來是在遲疑，李小姐告訴他，現在人們都追求國外名牌，這些不知名的品牌很少受到人們的注意，如果不買也沒關係，李小姐不希望客戶買回去後，反倒讓他生意難做。但沒想到這位先生最後竟然很爽快地直接付了訂金，並表示要與李小姐公司長期合作，一筆生意就這樣做成了。

當然，李小姐的成功並非只有介紹產品這麼簡單，李小姐不忘繼續學習，緊跟時尚與流行，同時注意自己的外在形象。在每天上班前，不管是自己的髮型，還是服裝搭配，都會精心打扮一番，給人煥然一新的感覺。每每客戶進店後，李小姐都不急於介紹自己的產品，而是仔細觀察客戶的膚色、膚質等情況，結合客戶的具體情況，為客戶介紹適合的產品；為了避免客戶對自己存有疑慮，李小姐都會找來相應的試用品讓客戶體驗，感受使用的效果。不僅如此，李小姐還會根據客戶的五官、身材狀況，為客戶提供一些彩妝、髮型、服飾的搭配建議，漸漸地，李小姐的客戶越來越多，創下的記錄也是讓人咋舌，深得同事羨慕，老闆的賞識。

為此，公司老總親自為她成立一家公司讓她做老闆，李小姐懷著

Lesson 5　產品介紹──
瞬間激起客戶的興趣

感恩的心,更加刻苦、認真地工作。在工作的過程中,李小姐發現雖然自己向客戶提供了彩妝、服裝搭配的建議,但客戶並不擅長實際操作,裝扮的效果不盡理想。李小姐思考著如何解決這個難題時,無意中產生一個大膽的想法,既然自己懂得這麼多知識,客戶又對這方面感興趣,為什麼不自己開一間彩妝培訓機構,專門為客戶服務呢?

於是,李小姐又去進修了各方面的管理知識,同時還學習怎麼當一位好講師。就這樣,李小姐成立了一家專業彩妝培訓機構,並親自授課,慢慢地,隨著客戶的增多,生意爆滿,她又緊接著發展了三家同規模的公司。

現在,李小姐雖然每天迎著朝陽出門,晚上踏著月色歸來,但她內心感到非常充實,因為她認為:能為客戶服務,幫助客戶實現自己愛美的願望,就是她最開心的事情。

從李小姐的經歷,你得到了什麼啟發?

一個人要想成功就不要在乎自己的年齡、長相,要知道這不能成為阻礙你成功的原因。李小姐雖然三十多歲才開始從事化妝品銷售,但她並不認為自己年紀大,就不會成功,反而大膽嘗試,始終如　地對待客戶;只有你在客戶心中的附加價值有所提升,你才會贏得勝利。

那李小姐身上有什麼值得我們學習的地方呢?

❶ 把客戶當成自己的朋友

對於一位穿著不起眼的男士來說,很難讓人想像他是要購買化妝品的客戶,因為大多數的業務員都會「以貌取人」,穿著越是高貴就越熱情。所以,

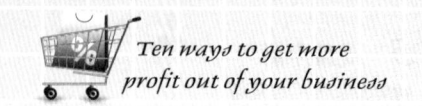

這位先生若想得到他們的熱情招待，幾乎是不可能的，但李小姐卻抱著「進者皆為客」的態度，熱情招呼，還把他當成朋友般聊天、提出建議；而正是這種始終如一的態度，贏得客戶的信任，感動了客戶，最終獲得了大訂單。

當然，業務員在銷售的過程中，不能一味抱著「早賣出產品早結束」的心理，強迫銷售，否則只會讓客戶反感。銷售之所以成功，絕大多數都基於交情關係，我們要時時為客戶著想，只有把客戶當作自己的朋友，換位思考，客戶才會信任你，願意購買你的產品。

❷ 介紹產品要注意技巧

客戶購買產品，關注的不僅是品牌，他們更在意適不適合自己，功效是否讓人信服。李小姐便深知客戶這種購買心理，在銷售產品時，根據客戶的膚質、顏色等，為客戶提供適合的產品。且為了讓客戶信服，李小姐不僅讓客戶親自體驗產品，還把自己當做範例，打扮出悅人的妝容，讓客戶看到效果，這樣還會有客戶不接受建議，不樂意購買產品嗎？

對於一些不能明顯展現出效果的產品，要想讓客戶相信，就該多動腦、想辦法，找到讓客戶信服的理由，把產品實際的效果展現出來，就不怕產品賣不出去。

❸ 銷售也要「腦勤」才行

雖然李小姐全方位地為客戶提供了許多有用的建議，但客戶往往無法照章履行，因為客戶的彩妝技巧大多不熟練。這時，李小姐為了解決客戶的問題，突發奇想開一家彩妝培訓機構，也正是由於自己善於思考，才能有今日這樣的成就。

銷售不需要很高的學歷，也不需要豐富的經驗，只要你腳勤、腦勤，善

Lesson 5　產品介紹──
瞬間激起客戶的興趣

於思考，並抱著謙卑的心態，不斷學習，就能看到不一樣的自己。

業務員每天都要與不同的客戶打交道，只有把與客戶的關係處理好了，把客戶看作自己人，不要有距離感，這樣很容易相處，才有機會向客戶推薦產品，利於業務員拿下訂單。

Lesson 6

消除異議

Ten ways to get more
profit out of
your business

將不可能變為可能

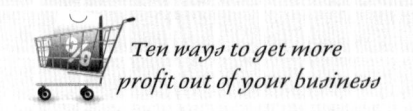

銷售諮詢室

客戶有意購買，我該不該降價？

★ Requesting for help ★

王博士，您好！我是深圳的一名業務員，目前在一家資訊技術公司工作，早前曾讀過您的著作《成交的祕密》，很有收穫，但在最近的銷售中，我遇到一個非常具體的問題，沒有在您的書中找到答案。所以想趁這個機會向您請教一下，希望能獲得您寶貴的建議。

前段時間我正和一個大客戶溝通，我們為對方提供一套控制系統和資訊服務，雖然我們之前沒有合作過，但對方很有購買意願，然而在談到價格時，我們卻產生了分歧，客戶堅持要降價才要簽單。雖然價格可以商量，但在一般情況下，公司是不允許降價的，由於我們提供的是資訊技術和服務，所以只能延長保固期限，但客戶卻堅持降價，不要贈送的服務，還說如果不能，那就不考慮合作的事了；以往的客戶都能接受贈送延長保固的優惠，這樣的客戶我還是第一次遇到。

眼看到手的鴨子就要飛了，但已經到了這種地步，如果降價的話，我不知道客戶會不會答應合作，或是覺得我們的價格還有再降的空間，然後再次要求降價。我現在最擔心的就是價格降了，客戶最後還是跑了；但如果不降價的話，我也留不住客戶。所以，我想請教一下王博士，在這樣的情況下，我到底該不該降價呢？下週我就要給客戶答覆了，希望您能盡快給我回信。

Lesson 6　消除異議——
將不可能變為可能

Dr. Wang's advice

　　來自深圳的這位朋友你好，看得出來你為此事很著急，說明你是個很負責任的業務員，把銷售當作自己的事業。針對你的情況，我提出幾點辦法，希望能幫你解決燃眉之急：

❶ 價格一定要降

　　價格是一定要降的，如果不降，就像你說的，這筆生意肯定是做不成的，降了，或許會有一些負面的影響，但最起碼還有成交的可能，一旦成交的話，如果你們洽談得順利，還有機會成為長期的合作夥伴，客戶也能為你帶來更多的生意。

❷ 價格不要降得那麼輕易

　　價格雖然要降，但不要降得太容易，要讓客戶感受到降價的難處，表現出你在價格上的無奈，又非常希望與對方合作的樣子，但價格不是你能決定的，告訴客戶必須請示主管，以此來拖延協商的時間，再積極尋找對策。

❸ 要讓客戶了解到這是特別給他的優惠

　　如果客戶感覺受到業務員的特殊照顧，成交會變得更加容易，更何況你現在的確是要給他一些特殊的優惠。所以在降價時，一定要特別強調這一點，讓客戶了解你為此讓出了自己的利益，以此贏得人心，與對方建立長久的合作。

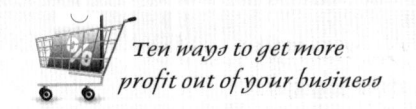

以上是我的建議，希望能幫助到你。

★ Case analysis ★

　　價格一直是困擾業務員實現成交的主要原因之一，如果在價格談判階段出現問題，導致談判陷入僵局，很可能前面所做的努力都將前功盡棄。從這位深圳的業務員提到的問題進行分析，我也想就價格問題，進一步提出自己的觀點。

　　其一，成交要從長遠來考慮，好的業務員要做的不是一天、兩天的買賣，而是力求與客戶達成雙贏，與客戶進行長期合作。如果能實現長期合作，也許這次少賺一點，下次就能多賺一點，所以有時給客戶一些讓步，反倒可以換來更好、更長久的回報。

　　其二，價格是一把雙面刃，降價固然可以吸引客戶，但也如同這位業務員所擔心的，有時降價反倒會激發客戶貪便宜的心理，或引起客戶對產品品質的懷疑，所以降價可以，但方法一定要掌握好，不要讓客戶有輕易得到這種好處的感覺。

　　也許不是每個業務員都會遇到深圳這名業務員的困擾，但他的問題非常具有代表性，如果我們能在價格上做好把關，就能在保證利潤的前提下，收服更多客戶、賺到更多的錢。

Lesson **6** 消除異議——
將不可能變為可能

6-1 弄清異議產生的原因

俗話說:「嫌貨人就是買貨人。」每個客戶對所要購買的產品,總存著各式各樣的異議,無論是產品價格還是品質,客戶都習慣用懷疑的眼光來看待。「產品的價格怎麼這麼貴呀?」、「產品好用嗎?」諸如此類的疑問,往往成為客戶購買產品時的心理定勢,而這種習慣性的心理定勢又讓業務員的工作難上加難。因此,弄清客戶產生異議的原因,是每個業務員實現成功銷售必備的「殺手鐧」。

那究竟該如何消除客戶的異議,增加對產品的信任度呢?美國一位資深業務員指出:「銷售有98％是對人的理解,其餘2％是對產品知識的掌握。」換句話說,銷售的目的是促成交易,但過程卻是對客戶心理的了解和把握。有時,業務員滔滔不絕地介紹產品,說得口乾舌燥,往往卻抵不過一句對客戶異議的解釋。因此,希望每位業務員都能以正確的心態,認真對待客戶的異議,並及時妥善處理,化解客戶的疑慮,讓「嫌貨人」變為「買貨人」。

❶ 客戶自身的原因

客戶購買產品時,產生異議的原因包羅萬象。但往往「內因決定外因」,業務員可以先從客戶自身的原因查找,抓住主要矛盾,這樣才能成功促成交易。

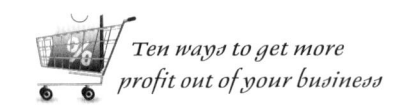

Ten ways to get more profit out of your business

成交必殺技

- 自身需求。客戶不購買產品，可能是因為自己並不需要，或尚未察覺自己有這種潛在需求，這時業務員就要結合產品的特點與功能來說服客戶，讓客戶主動產生產品的需求。

- 支付能力。客戶若因沒錢購買而提出的反對意見，通常不會直接表現出來，而是間接地表現在對品質或售後服務的質疑等。所以業務員要善於識別客戶的支付能力，一旦察覺客戶在支付上確實有困難，就適時地停止銷售，但態度要和藹，因為對方還是有可能成為你未來的客戶。

- 消費經驗。客戶常常會因為擁有豐富的消費經驗，而極力維護其權威，因而提升業務員在銷售商品時的難度，但如果業務員能為客戶創造新奇的購物體驗的話，將獲得意想不到的成功。

- 購物偏見。偏見是人們內心形成獨特思維的一種方式，但客戶常常會提出一些自認為正確，但其實很不合理的異議。因此，業務員在推薦或銷售產品時，一定要謹慎，切忌不要讓客戶有形成任何偏見的機會。

❷ 產品原因

對於不熟悉或初次使用的產品，客戶存在異議是很常見的事，業務員在處理這些異議時，一定要耐心為客戶講解，並且實事求是，不要為了急於實現成交，而誇大產品的性能，甚至欺騙客戶。你不妨採取以下方法，例如在介紹產品的時候，不失時機地展示一些可靠的證據，透過親身試用、體驗等，來增加客戶對產品的滿意度，從而順利實現成交。

Lesson **6** 消除異議——
將不可能變為可能

③ 其他原因

銷售過程中，除了企業本身及產品方面會讓客戶產生異議外，其他的外在因素也是不可忽視的，它同樣會影響到買賣的成交與否。

成交必殺技

- 業務員的形象。客戶會因為不滿意業務員的儀表、言談舉止等，因而產生反感、提出異議。為了讓銷售工作順利進行，業務員要先熟悉個人業務，保證在客戶提問時能對答如流，不出差錯，同時也要保持良好的態度，給客戶一個自信健康的風采，以人格魅力吸引客戶。

- 產品偏見。由於人們深受品牌觀念的影響，總會排斥小品牌或沒有聽過的品牌，俗話說「眼見為實」，如果客戶對產品存在偏見，你就要運用一些方法來改變客戶的偏見。例如，展示權威機構的認證或用公司影響力較大的事件來說明等。

- 時間異議。表面上看是客戶對產品的購買時間猶豫未決，實際上是其對價格、品質方面存有問題，客戶若越是拖延購買的時間，成交的難度就會越大。因此，業務員要看準時機，迅速出手，找出客戶時間異議背後真正的原因來進行說服。如果不能說服客戶立即購買的話，也要為客戶的下次光臨留下伏筆，爭取「回頭客」。

總之，在銷售過程中，客戶會提出的異議各式各樣，有些異議乍看下是不能克服的，但反過來說，既然客戶提出了異議，說明客戶對產品感興趣，燃起了一絲絲想購買的欲望，否則他是不會有疑慮的。所以，業務員一定要耐心觀察客戶異議背後的真相，因地制宜地掃清障礙。

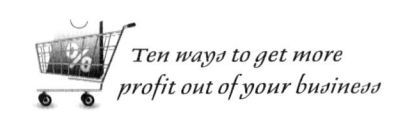

6-2 判斷客戶的異議是真是假

在和客戶溝通的過程中,客戶總會以各種異議來婉拒和推拒,對於客戶提出的異議,業務員固然要給予解決,但在解決之前,務必要弄清楚異議的真偽,只有這樣,才能對症下藥,進一步虜獲客戶的心。

但在實際銷售中,有不少業務員不能正確理解客戶提出的異議,將精力用在不重要的事情上,致使銷售工作事倍功半,最終不得不以失敗收場;因而誤以為異議只會為銷售帶來失敗,面對異議時,總懷著一股挫折感和恐懼感。但對優秀的業務員來說,他們卻能用另一種角度,將客戶的異議化為成功的動力,從異議中判斷客戶真實的需求,以此來獲得客戶更多的資訊。

所以,面對客戶的質疑,業務員大可不必恐懼,只要認真、正確地對待即可。而業務員要想制定出正確的行銷策略,就應該先了解一下異議的兩種類型。

●**真異議**:客戶不滿意你的產品,或是對產品抱有偏見,認為你的產品品質沒有保證等,這都屬於真異議;而對於此類異議,應該分清狀況的緩急,對症下藥。若客戶產生異議的重點是能否成交的關鍵,那就要及時處理,不然就有可能因此錯失訂單。

Lesson 6 消除異議——
將不可能變為可能

◉ **假異議**：主要是指客戶用藉口來敷衍業務員，以達到自己的目的。主要有兩種方式，一是對產品沒有太大的興趣，不想介入銷售活動，只想把業務員打發走；另一種則是混淆視聽，提出一些無關緊要的異議，利用假象來引導業務員讓步，以達到降價的目的。

當然，在銷售過程中，要想判斷出客戶異議的真與假，還是有方法可以參考的。

1 細心觀察

一些不善於掩飾自己的人，如果說出一些不符合自己內心的話，就會在行為舉止上表現出來。在與客戶溝通時，不妨多注意一下客戶說話時的肢體語言，相信對你的業績會有所幫助。

成交必殺技

- 客戶的反應。在解答完客戶的異議後，對方表現得很不自然，說話支支吾吾，對是否購買產品仍猶疑不決，這就說明兩種情況：一是客戶根本沒有購買的意願，只是找不到拒絕的藉口；二是你的解說，感染力不夠強，答案不清晰，讓客戶更加困惑。針對第一種情況，業務員要有足夠的耐心來說服客戶，倘若不能說服，也要為爭取回頭客，留下好的印象；而第二種情況，業務員應該從自身開始查找原因，找到一個既能讓客戶理解，又能有效解決問題的辦法。

- 客戶的眼睛。眼睛是心靈之窗，當客戶提出異議時，業務員如果無法從客戶的言談舉止中做出判斷，不妨觀察客戶的眼睛，若客戶眼神躲躲閃閃，飄忽不定，那客戶的異議很顯然是假的；反之，就要盡力去化解客戶的異議，才有實現成交的可能。

❷ 認真傾聽

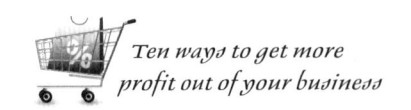

客戶向你陳述異議時,一定要認真傾聽,因為其中隱藏的玄機能有效幫你解決難題。

成交必殺技

- 說話的語調及語氣。當客戶在說明自己的異議時,語氣過於強硬,但語調軟弱,就代表客戶提出的異議有假,因為人們總會用這種方式來掩飾心中的不安。

- 說話的語句。有些人說謊時,說話會不由自主地結結巴巴,語句不連貫,語序前後顛倒,這便極有可能為假異議。

❸ 及時詢問

不懂就問,看似簡單,實則關鍵。當客戶提出異議,若業務員觀察和傾聽後仍無法明確異議的真假,不妨不失時機地詢問客戶產生異議的根本原因。當然,情況不同,詢問的方式也不一樣。

成交必殺技

- 直接詢問。當業務員經過一系列的觀察和傾聽後,對客戶的異議做出初步的判斷,如果你有一種「醉翁之意不在酒」的感覺,不妨索性直接向客戶詢問,請求解答。一般情況下,如果客戶提出的異議是假的,又不想浪費雙方的時間,他會直接說出異議背後真正的原因。

- 間接詢問。有時客戶提出的異議概念比較模糊,而你又無法直接做出判斷。此時,直接詢問是行不通的,業務員可以採取間接詢問的方式,在

Lesson 6　消除異議──
將不可能變為可能

> 溝通的過程中，多帶到一些話題，判斷出客戶異議的真假。

在銷售過程中，只要能正確把握客戶的異議，不管是真是假，都是促使你走向成交的信號。如果客戶異議是假的，那就要付出更多的耐心，來探查客戶的真實顧慮；如果客戶的異議是真的，業務員就要想方設法地努力化解客戶的疑慮。

當然，為避免在銷售過程中陷入被動，或掉入客戶製造的陷阱中，業務員要練就一雙火眼金睛，來分辨客戶異議的真假，找出對方真正關心的問題，並解決它，這樣才能提升成交的機率。

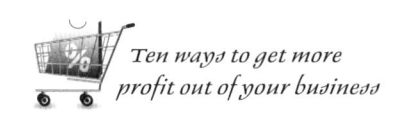

6-3 有異議就有機會，排除狀況的標準原則

銷售，也可說是業務員處理客戶異議的過程，異議處理得好或壞，直接關係到交易的成敗。在與客戶溝通的過程中，特別是客戶對產品或服務產生異議時，業務員要把握好處理異議的基本原則，這樣才能在銷售中「所向無敵」。

❶ 提前準備並演練應對異議的措施

不打沒有準備的仗，是每個業務戰勝異議必備的基本原則之一。客戶的異議因人而異，所以沒經驗的業務員會認為在面對客戶異議時，無須大費周章地準備，想著該如何應對客戶的質疑，覺得只要沉著應對、隨機應變即可，但這樣的想法其實大錯特錯。

在與客戶溝通中，客戶會提出的異議自然是包羅萬象，有的也許是你了解的，但絕大多數的異議，你可能想都沒想過，或是連你自己都不清楚，而此時根本不容許你仔細考慮，倘若你倉促回答，稍有不慎將可能導致你與這筆生意失之交臂。因此，在與客戶見面之前，你必須事前做好準備，時刻做到心中有數，才能從容應對客戶的各種「疑難雜症」。

你可以採用編制標準應答語法，首先，把自己能想到的以及每天遇到的客戶異議都記錄下來，再根據產生異議的原因進行分門別類，設計出最

Lesson **6** 消除異議——
將不可能變為可能

適當的答覆及做法，然後根據自己設計好的應對方法，進行演練，事先熟悉掌握，加以修正、改善。

② 選擇合適的時機解決異議

超級業務員便厲害在他們總能對客戶提出的異議一一擊破，給予合理的答覆，並選擇一個恰當的時機，讓客戶易於接受。在合適的時機回答客戶的異議，自然較容易取得好的結果。

成交必殺技

- 防患於未然，提前回覆。只要在與客戶溝通的過程中，認真觀察，仔細傾聽，就能察覺到客戶會提出何種異議，且最好在客戶提出異議前，就知道他想問什麼並先行回答，先發制人，爭取到主導權，避免與客戶發生任何不必要的爭論。

- 異議提出後立即回答。這就需要事前做好準備，並有隨機應變的能力，不僅展現你的專業，也表明你對客戶的尊重。

- 沉默一會兒，延後回答。當客戶提出涉及專業知識等較難的異議時，這時立即回答是不明智的，最好暫時保持沉默。如此一來，不但能讓客戶感覺受到尊重，也替自己爭取更多的時間，以找到一個嚴謹的答案。

- 一笑置之，沉默到最後。異議多種多樣，但有些異議其實無關緊要，根本不需要業務員來回答，遇到這類異議時，可以先一笑置之，對此問題保持沉默或換個話題，轉移客戶的注意力。

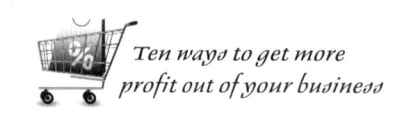

❸ 永遠不要與客戶爭辯

爭辯是銷售的一大禁忌，但有些業務員往往會為了讓客戶明白事實的真相，而忘了自己的主要目的是銷售，不僅沒能解決問題，反而把問題擴大。對業務員來說，只有贏得客戶的好感，才能實現成交，拿下客戶的訂單；反之，若與客戶爭辯，吃虧的永遠是自己。

成交必殺技

- 先傾聽，後解答。當客戶存有異議時，業務員急於消除異議是可以理解的，但處理的結果往往不盡人意。因為客戶可能只是想發洩一下心中的不滿，若業務員提出過多的解釋，還可能讓他們更加反感。所以，當客戶發表異議時，一定要耐心地傾聽，等客戶情緒稍平息之後，再採取具體的方法解決異議。

- 注意遣詞用句。掌握良好的語言技巧是業務員開展銷售工作的一大法寶，不論客戶提出的異議正確與否，業務員都應該避免直接反駁，多加注意遣詞用句，讓對方能夠接受，這樣在緩和氣氛的同時，也能保證銷售工作的順利進行。

- 冷靜分析客戶的異議。任何產品都不是十全十美的，客戶對產品提出異議也是情有可原，這時業務員要冷靜分析，如果對方的異議是真的，那業務員就應該強化產品優點，淡化其缺點；反之，就分析異議背後真正的原因，做出應對策略。

❹ 要給客戶做足面子

「顧客就是上帝」，在與客戶溝通時，無論客戶的觀點是否正確，業務員都應該平視客戶，面帶微笑，表現出全神貫注的樣子。只有這樣你才

Lesson 6　消除異議——
將不可能變為可能

能展現出自己對客戶的尊敬，積極維護並保全客戶的面子，這樣溝通才得以順利進行下去。

成交必殺技

- 態度溫和，言語輕柔。在與客戶交流的過程中，倘若客戶提出對產品或服務方面的不滿，那業務員就應該和顏悅色、態度溫和，面帶笑容地拿出產品證書、資料，糾正客戶在認知上的錯誤，避免客戶產生偏見，以致錯失成交良機而後悔莫及。

- 避免直接反駁客戶。當客戶提出錯誤的異議時，要避免直接反駁，先對客戶的意見給予正面的肯定，然後運用一些建議性的語氣來提醒，這樣客戶較容易接受，更保全了客戶的面子。例如，你可以說：「我理解您的看法，但產品的品質擺在面前，且有權威機構發布聲明背書，經主管機關認證核可，您絕對可以放一百個心。」

- 找準機會，肯定和讚賞客戶。業務員應該充分了解客戶的工作、愛好，並蒐集一些資料，適時讚美客戶，不失時機地投其所好，讓客戶產生好感，使銷售工作更加暢通、無阻。

總之，無論是什麼原因導致客戶產生異議，都是他們對產品及服務有進一步需求的外在表現。因此，專業的業務員應該把握好機會，妥善處理客戶異議，這樣銷售才能越走越遠。

例如在購買過程中，消費者難免憂心忡忡，不由自主地擔心產品品質，價格是否合理或購買決策是否正確等一連串問題，而這可能是基於過去不良購買經驗所致，或對未知的不確定性表示擔憂。

但有經驗的業務都知道，消除客戶異議最具權威的三個字便是「我理解」，只要緊緊把握住這一點，成交其實並不難，也就是說，處理異議的

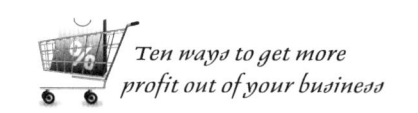

前提是一定要充分理解對方的感受，把客戶利益放在第一位，讓他真正感受到「你已明白並理解他的異議」，那接下來的事就容易多了。以下整理出處理異議的六步驟，相信能幫你有效解決客戶的「疑難雜症」。

❶ 放鬆心情，坦然面對

俗話說：「褒貶是顧客，沉默是閒人。」客戶異議往往是阻礙成交最大的障礙，但反過來想，這也是探測客戶內心反應的指標。若想成功實現銷售，便要明白異議是銷售過程中必然會發生的，只有坦然面對客戶的異議，你才能充分抓住客戶的內在需求，從而順利實現成交。

成交必殺技

- 做好萬全準備。要想坦然面對客戶的異議，前提是一定要掌握好產品、公司政策及市場等方面的相關資訊，這樣你才能靈活應對。
- 笑臉迎人。在聽到客戶抱怨產品或服務的時候，你一定要保持冷靜，笑臉迎人，千萬不能與客戶對立，先了解原因，再採取適當的應對方法，既緩和了氣氛，又能讓客戶受到尊重。
- 答覆語言巧妙。面對客戶異議時，為表示誠意，不妨站在客戶的立場進行答覆「很高興您能提出意見」、「我明白您的顧慮，不過……」等，以此來避免摩擦，拉近彼此的距離，使交流更順暢。

❷ 認真聆聽，理解同情

善於聆聽，是實現成交非常重要的一環，因為藉由聆聽，你才能了解客戶異議背後真實的需求，進一步解決問題。所以，當客戶提出異議時，

Lesson **6** 消除異議──
將不可能變為可能

一定要仔細聆聽，千萬不可加以干擾。

在傾聽的同時，腦中要不斷地選擇、分析並做出判斷。當然，還要利用言語或肢體語言來表現出對客戶的尊重和理解，讓客戶講得盡興，並和對方建立起合作關係，有利於你下一步的銷售。

❸ 稍作思考，友善回應

當客戶表達完自己心中的異議時，你千萬不能急於答話，先停頓三至五秒鐘，然後很有風度、很客氣地回應。不僅展示出你有認真傾聽並思考他的話語，更為自己預留應對的時間。

聰明的業務員在回應客戶時，總會連帶一些提問性的詢問，以獲得客戶更多、更詳盡的資訊，也順帶讓客戶自行解開疑惑。

成交必殺技

- 您真正的意思是不是這樣……？
- 我能了解一下您這樣想的原因嗎？
- 您考慮的點是什麼呢？
- 您最關心的問題是……？

❹ 抓住時機，轉移異議

業務員處理客戶提出的異議時，一定要選擇合適的時機，沉著、冷靜地將資料、證明等展示給客戶，同時注意措辭及語調要溫和，為解決問題

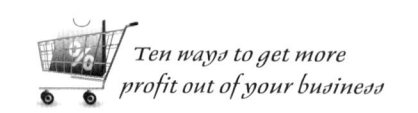

營造一個恰當的氛圍；另外，銷售中有一句格言：「如果你說出來，他們會懷疑；如果讓他們說出來，那就是真的。」所以，在解答客戶異議時，可以試著積極引導客戶說出異議背後的真相。

業務員解答客戶的異議，便是要轉移客戶的顧慮，然後更進一步引出客戶真正的潛在需求。

5 避開枝節，巧妙應對

業務員往往會因為一個與銷售毫無關係的問題，而與客戶陷入一片爭吵之中，最終往往是丟了芝麻，扔了西瓜，一無所獲。因此，我們要盡量避開那些多餘的「枝節」，以節省時間、提高銷售效率，減少不必要的麻煩。

成交必殺技

- 消除疑慮。客戶會存在疑慮，就代表他可能有購買的意願，這時就要提供相關的資料證明，滿足對方的需求，為其排憂解難。

- 克服誤解。誤解產生的背後原因，常常是因為客戶不了解產品，進而引起偏見，所以，我們要向客戶展示產品的相關認證或見證、分享，給予相應的解釋，消除誤解。

- 面對缺點。當客戶指出產品的缺點時，業務員要婉轉地強調沒有十全十美的產品，努力強化產品的優勢，轉移客戶注意力，以此來淡化產品的缺點。

Lesson **6** 消除異議──
將不可能變為可能

❻ 避免爭論，留下後路

在回應客戶異議時，難免會陷入爭論之中，但這時再追究責任恐怕也毫無意義，此時應該牢記：不管客戶如何反駁，與你爭鋒相對，都一定要保持冷靜，萬萬不能與客戶爭執。與客戶爭辯，吃虧的永遠都是你，寧可在爭論時輸給客戶，也要把商品銷售出去。

只有正確、客觀、積極地認識異議，才能在異議面前保持冷靜，把異議轉換為每一個銷售機會。

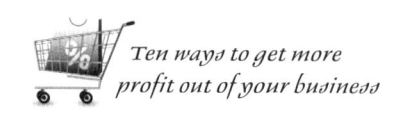

Ten ways to get more profit out of your business

6-4 有效處理異議的八種方法

　　客戶的異議多種多樣，處理的方法自然也千差萬別，且解決異議需要相應的技巧。因此，掌握一定的應對技巧，將客戶的購買欲望轉換成真正的購買行為是非常必要的。

　　在此整理出銷售中最常見且最有效的八種方法，供讀者參考。

❶ 讓步處理法

　　俗話說：「忍一時風平浪靜，退一步海闊天空。」有經驗的業務大多能深刻領悟到其中的內涵，然後聰明地運用到銷售上。這種方法的基本句型為「先是後非」，即先尊重客戶的看法有一定道理，向客戶做出一定的讓步，然後再循循善誘地講出自己的看法，不僅減少了客戶的反抗情緒，也能為自己留下後路，對那些自以為是的客戶更是屢試不爽。但使用此法時，說話要盡量婉轉，避免使用「但是」等語氣強硬的詞句，可是又要將「但是之意」包含在語意之中，這點業務員必須妥善拿捏。

❷ 直接反駁法

　　顧名思義就是業務員根據事實否認客戶異議，而進行針鋒相對、直接駁斥的處理方法。由於這種方法容易與客戶對立，將氣氛搞僵，所以應盡

Lesson **6** 消除異議──
將不可能變為可能

量避免使用。但遇到客戶質疑企業服務、誠信或資料不全的時候,直接反駁反而能提升客戶對你的信任,發揮畫龍點睛的效果。

由於這種方法直言不諱,毫無顧忌,很容易就會傷害到客戶,使用不當的話,可能會讓客戶下不了台。所以,當你在表述自己的觀點時,要對事不對人,語氣柔和委婉,讓客戶易於接受。且最好針對異議回答,避免主觀的自我陳述,讓聽者感到不舒服。

③ 優勢對比法

優勢對比法,就是業務員與客戶面談時,會為了突出自己產品的優勢,引起客戶的青睞,將自家產品的品質、性能、價格等方面與其他競爭產品比較,使自己產品的優勢得以突顯出來。這不失為一個好辦法,但如果運用不當,可能會弄巧成拙、前功盡棄。

成交必殺技

- 運用此方法時,一定要注意選擇該產品較強的優勢來進行比較,即這一優勢能保證客戶利益的最大化。

- 在對比時,切忌不要隨意誇大、吹噓自己產品的優點,借此貶低其他同業產品的缺點,要讓事實說話。

- 俗話說:「貨比三家」,在和其他同類產品進行比較時,一定要拿捏好分寸,以具有代表性的進行比較。

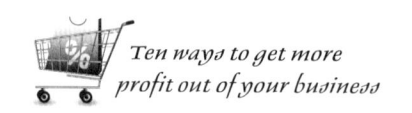

④ 以優補缺法

任何產品都不是十全十美的。在銷售過程中，業務員有時會遇到這種情況：客戶對產品或服務提出的質疑，恰恰就是產品或服務的缺陷。而沒有經驗的業務員，通常會直接否認客戶的觀點，然後大肆解釋，對產品進行渲染，但最後往往是「賠了夫人又折兵」，落得客戶轉身離去。這時，優補劣法未嘗不是一個明智之舉。

在遇到類似情況時，首先要承認客戶的異議是正確的，然後利用產品最大的優點來淡化，甚至抵消這些缺點，讓客戶在心理上感覺到一定程度的平衡，產生「產品的缺點並不會影響到產品的使用，跟優點相比算是微不足道」的感覺，自然就會接受你的產品。這樣不僅可以巧妙地維持好買賣關係，突出產品優點，又能有效地排除障礙，給客戶留下「做事實在」的好印象。

⑤ 轉化處理法

俗話說：「解鈴還需繫鈴人。」在銷售中也是同樣的道理，由於客戶的異議具有雙重性質，它既是交易的障礙，也是交易的機會。而這種方法能巧妙地利用客戶提出的異議，將拒絕購買的原因轉化為客戶購買的理由，直接印證客戶的話，讓自己轉「守」為「攻」，順利達成交易。

所以，業務員要善於察言觀色，將客戶並非十分堅持的異議，特別是一些藉口，當機立斷地轉化為購買的理由。當然，在運用這種方法時，要顧及禮貌，盡可能地用詼諧風趣的方式表達，以不傷害客戶為原則。

Lesson **6** 消除異議——
將不可能變為可能

❻ 比喻處理法

　　這是基於客戶對產品不了解而提出異議，業務員為進一步幫助客戶了解產品，而採用比喻，以達到銷售目的的一種方法。這種方法的優點在於業務員可以透過恰當、生動的比喻，將深奧的道理轉為淺顯的事實，幫助客戶充分了解產品的用途和優點，在化解客戶疑慮的同時，一併刺激客戶的需求，從而達成交易。

　　但這種方法是在客戶不了解產品情況的前提下運用，倘若客戶了解該產品，你還一味地解說，只會讓他們覺得不受尊重，反而產生厭煩情緒。另外還要注意一點，比喻要以產品為中心，否則「偏題萬里」，讓客戶摸不著頭緒，何以能成交呢？

❼ 詢問處理法

　　詢問處理法又叫反問處理法，是指業務員透過反問，來打消客戶疑慮的一種處理方法，這是處理異議最高明的一招。

　　你可以透過詢問，讓客戶自行說出內心的想法，得到更多的回饋資訊，並及時、準確地查找出客戶異議背後的癥結，以恰當處理異議。

❽ 忽視處理法

　　有的異議不見得會影響成交，一一處理不僅費時，還可能節外生枝；因此，不妨採用忽視處理法，但這需要超強的分辨能力，辨別客戶的真假異議。當然，面對無關緊要的異議時，業務員同樣要端正態度，表情自然、親切，否則客戶會有一種被嘲弄的感覺，致使你失去成交良機。

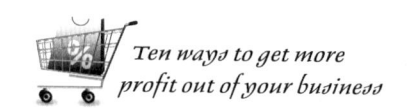

總而言之，處理客戶異議的方法各式各樣，業務員必須不斷在實戰中總結經驗，取長補短，針對異議的具體情況進行靈活處理，才能順利成交每一筆訂單。

Lesson 6　消除異議——
　　　　　　將不可能變為可能

銷售加分題

各種招聘管道的特點分析

　　商場如戰場，隨著市場競爭日益加劇，優秀的業務人才對促進企業發展的作用是越來越大，各家企業為了做好「抗戰」準備，對業務精英更是求才若渴。

　　但有時卻因為聘用人才的方法不到位，致使企業的業績時好時壞，所以，如何提升聘用優秀人員的機率和降低選錯人的風險，是每個企業，尤其是業務經理都要學習的課題。你更可以說，在茫茫人海中網羅、招聘到適合企業發展的業務精英，是現今老闆們最頭疼的一件事情。

　　以下就為你介紹幾個應徵業務員的最佳途徑，並附上各管道的優、缺點，希望對你有所幫助。

管道	優點	缺點	適合招聘人員
徵才大會	可以見到應聘者本人，能對應聘者的形象、氣質有個直觀的第一印象，還能獲取一份較詳細的履歷。且應聘者多，可選擇的空間也較大。	時間短，不能對應徵者進行全面的審查和評測，無法當場確定是否錄用。由於應徵人員眾多，有時可能評斷不準，導致優秀者流失。	基層業務助理及基層業務人員。如：區域銷售主管、銷售代表等。
校園徵才	大多是應屆畢業生，工作積極性、熱情度較高，比較有活力、有衝勁，可塑性強，素質高，易於培訓。	應徵者缺少工作經驗，對銷售工作的要求與內容的瞭解，僅局限於書本知識，不夠全面，缺少人脈與客戶群，容易被客戶拒之門外。	基層業務人員。

	優點	缺點	適用職位
人力仲介機構（獵頭公司）	具有廣闊的人才搜索系統，辦事效率高，對所需人才有大致瞭解，從業人員的素質、技能方面有所保證。	成本過高。介紹費用高昂，較高階的職位，甚至要祭出高薪，才能網羅到人才。	企業中高層銷售管理人員及部分要求較高的基層銷售管理人員。如：業務總監、大區域銷售經理、地區銷售經理、業務經理、高級銷售主管等。
企業內部選拔	成本低，對企業文化、產品等方面瞭解得較為透徹，適應性較快。忠誠度高，對其他員工也具有鼓舞作用。	內部員工審查、考核要浪費大量的時間，也可能缺少適合原職位的人選。且給人員鼓勵的同時，也會帶來一定的升職壓力，出現心理短暫失衡現象。	中基層銷售管理人員及基層業務人員。如：城市銷售經理、區域銷售主管、高級業務代表、業務代表等。
公部門推薦（勞工局）	成本較低，選擇空間較大，穩定性較高，充滿活力。	基本素質較差，如果是學生，其缺乏工作經驗，需要花費成本進行培訓。	基層業務人員及輔助銷售人員。如：業務代表、經銷商銷售代表、理貨員、駐店促銷員等。
媒體公開招聘	宣傳力度強，可以獲取大量的高級人才資訊，企業選擇的空間較大。	成本較高，應聘者較多，為尋找合適的人才，需耗費較多的精力。	中基層銷售管理人員及部分要求較高的基層銷售人員。如：省區域業務主管、業務代表等。
挖角競爭對手的員工	應聘者熟知該產業，可為企業帶來大量的客戶。	雇傭費用較高，有著特定的銷售習慣，難以改變，且可能對公司有不忠誠的疑慮。	中層管理人員。
人力資源網站	資料庫大，選擇面廣，能找到適合企業所需的人才。	若想找到合適的人才，需要花費大量的時間。應聘者的資訊可能過於誇張，甚至不實，造成企業資源的浪費。	中基層的銷售管理人員及基層的業務人員。如：區域業務主管、高級業務專員、業務代表等。
推薦	成本低，節奏較快，應聘者有較強的適應性。	由於是內、外部人員推薦，可選擇面較窄。同時，人員素質參差不齊，可能會形成「親屬團」，給公司運作帶來困擾。	中基層管理人員及基層銷售人員。如：城市銷售經理、區域業務主管、高級專員、業務代表等。

Lesson 6 消除異議——
將不可能變為可能

銷售充電站

用「真誠」贏得訂單

　　馬國城在一間銷售電腦防火牆的公司任職，在業界堪稱一名「奇人」。為什麼這樣說呢？因為馬國城所銷售的產品，一來沒名氣，二來沒品牌，但他卻能取得亮眼的成績。現在的市場競爭激烈，消費者的眼光也是越來越挑剔，再加上名牌產品的效應，像這種沒有任何名氣的產品，一般很難銷售出去；即使有一定的銷售額，但時間久了，也同樣維持不了公司長遠的開銷，難免面臨優勝劣汰的破產威脅。

　　可能正基於這一點，所以大多數人在工作時，一般都不會選擇做「無名」品牌的業務員，可是馬國城的想法卻恰恰相反！雖然大多數人都不看好這一行業，但世上並非絕大多數的人都買得起有品牌的產品，再說了，他銷售的產品是有品質保證的，且這種產品最大的優勢，就是比同類產品的價格便宜許多，而物美價廉的高 CP 值產品，不正是消費者所追求的嗎？

　　馬國城在學校主修網路專業，網路也算是自己的強項，所以大學一畢業，馬國城就主動應徵這份工作。雖然遭到朋友和家人的強烈反對，但馬國城有自己的想法，大家也都勸不動他，只好任由他去。

　　剛進入這家公司，馬國城是初生之犢不怕虎，認為只要自己的信念堅定，就一定能成功，不料沒多久，他的想法便被證實是錯的。每當向別人介紹產品的時候，總或多或少地感受到客戶的不理不睬，甚至是沒理由的拒絕，這讓他苦惱不已；難道真的是他的想法錯了嗎？

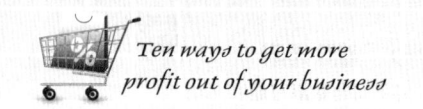

還是自己真的不適合做業務員呢？但他並沒有因此而放棄。

就在某天下午，機會終於來了，他從朋友那裡得知，一所高中正準備進行電腦暨網路設備的升級，而防火牆就是其中一項，這個消息讓馬國城喜上眉梢。他急忙找到代理商老王，經過溝通，他得知：由於是教育產業要用的，所以對產品品質、性能方面的要求都比較嚴格，國內外幾家著名的廠商也在積極爭取這筆生意，競爭十分激烈。

但代理商老王聽到馬國城的產品沒有任何品牌與名氣時，當場就婉拒與他們合作，儘管他怎麼費盡口舌，代理商就是不信任他們公司的產品。但馬國城始終相信自家的產品，給予很高的評價，如果教育業選用他們的產品，絕對是最正確的選擇。無奈就是沒有廠商願意與他們合作，該怎麼辦呢？馬國城決定親自拜訪客戶，讓客戶具體了解產品的優勢與性能。

馬國城先打電話給對方，主動向客戶預約拜訪時間，同時他準備好紙筆，如果客戶不同意的話，就在電話中詢問客戶的意見，及時記錄、整理。但電話才接通，報上來意後，客戶就直接以「沒有時間」為由拒絕，馬國城還沒來得及詢問第二句，對方就已經掛斷了電話，如此一、兩次之後，客戶更索性不接電話了。

預約不成，馬國城決定直接前往拜訪，他事先準備好產品資料，然後信心滿滿地去拜訪客戶，但客戶還是給他吃了「閉門羹」。馬國城依舊是毫不鬆懈，隔了一天就又來拜訪客戶了，面對幾次的「強攻」，客戶終於同意聽一聽他的產品解說。但在介紹產品時，客戶卻好像扮演著「旁觀者」的角色，不理不睬，也不發表意見，好不容易講完，客戶又以「教育行業使用該產品的案例太少」為由，直接將產品打入「冷宮」。

Lesson 6 消除異議——
將不可能變為可能

　　面對客戶一次次的拒絕，馬國城難免有點灰心喪氣，但他知道工作本就沒有那麼簡單，只要有一絲希望，就應該堅持下去。回到公司後，他蒐集了一些其他產業運用自家產品成功的相關案例，準備以此來說服客戶。但客戶早已因馬國城的頻繁預約、拜訪，失去了耐心，甚至對他產生反感，毫不留情地將他拒之門外。

　　但馬國城一想到自己的座右銘：「堅持就是勝利，失敗是成功之母。」想到要透過努力向家人證明自己選擇沒有錯時，就立即充滿精神，儘管下著滂沱大雨，仍無法澆熄馬國城的衝勁。為了及早發現客戶是否來到學校，馬國城一大早就在學校門口等候，一早校門口冷清清，過了一會兒，學生才絡繹不絕抵達，而下雨導致校門口一大片積水，有些學生不慎滑倒，一屁股摔在地上，站在一旁等待的馬國城見狀，趕緊找來掃把，打算把積水掃走。

　　起初師生們都以為他是清潔人員，對他投以鄙夷的目光，但他不以為意，反而掃得更積極了，連客戶從他身邊走過，他都沒有察覺到，但這一切卻被客戶看在眼裡。由於清掃積水的關係，以致錯過拜訪客戶最佳的時間，馬國城只好先回到公司，再另尋他法。

　　才一進到公司，主管就告訴他一個好消息，原來那所學校已經主動致電與公司簽單了，這全得益於馬國城真誠的服務。客戶致電公司時，是這樣說的：「本來你們公司的產品與眾多品牌產品相比，在品質、影響力方面都不具優勢。但即使我們一再的拒絕，你們的業務員仍沒有放棄，這讓我頓時產生了好奇，究竟你們的產品存在什麼魅力，竟讓一名業務員如此執著；為此，我透過別的途徑認識了你們的產品，雖然與其他產品存著諸多差距，但品質、價格方面還說得過去，更重要的是，那位業務員深深感動了我。我想，既然業務員都能做到如此，

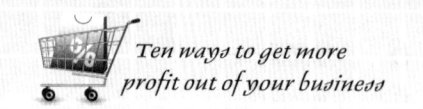

那你們公司的產品一定是值得信賴的，所以，我選擇了你們的產品。」

可以說，客戶的這次簽單，完全得益於馬國城那真誠的服務。之後馬國城還在公司的允許下，成立「客戶抱怨部門」，親自傾聽他們的客訴，和客戶做面對面的溝通，使公司能直接獲取客戶的資訊，利於推出更能滿足客戶需求的產品。而這些周到真誠的服務，也讓馬國城取得源源不絕的訂單。

馬國城的經歷給了我們哪些啟示？

遭遇挫折與失敗時，千萬不要放棄，即便失敗了一千次，也要有一千零一次爬起來的勇氣，這樣你在實現夢想的道路上，無論遇到多少困難，都能勇往直前，最終實現成功。

銷售是一件極具挑戰性的工作，但除了擁有堅持、不放棄的精神之外，你認為成為一名優秀的業務員，還應具備哪方面的素質呢？

❶ 不要「自掃門前雪」

不管是大雪還是大雨，在遇到一些困難時，大多數人都未必能像馬國城一樣，做到「雪中送炭」。雖然一件事情很不起眼，但它往往能反映出最真實的品質；也因為這件不起眼的事，客戶改變了對馬國城的看法，讓馬國城贏得訂單。

於此，業務員在實際銷售中，也應該重視身邊的每一件小事，「不以善小而不為，不以惡小而為之」，若能做到這些，相信你會更上一層樓。

Lesson 6 消除異議──
將不可能變為可能

❷ 正確對待客戶的異議

一般情況下,客戶的異議、反對看法是阻礙成交的關鍵因素。如果業務員不能正視它、並正確對待,會讓客戶產生更深的誤解,進而影響到產品的銷售。

因此,在面對客戶異議時,積極的業務員就應該及時採取應對方法,有步驟並盡可能地消除客戶異議,做到這些,客戶才會對你及產品產生信任,進而主動為你介紹客戶。

Lesson 7

談判成交

Ten ways to get more profit out of your business

找出雙贏，各取所需

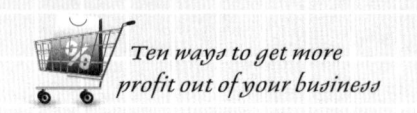

銷售諮詢室

大單當前，是要向「錢」看？還是問心無愧就好？

★ Requesting for help ★

王老師，您好！我是台北的 Johnson，今年28歲，在一家大型商辦空間規劃平台做業務員快三年了，看過許多您的著作，您在書中提到的觀點，使我受益良多，在業績上有顯著的提升。但最近我在銷售上碰上一個問題，不知道該如何處理，希望您能給我一些意見。

我們公司做的不是具體的產品銷售，而是提供辦公室空間規劃和裝修工程的承包和服務，這個工作給了我很大的發揮空間，也一直很順利，與同事、客戶之間的關係也很好。但上週我遇到一個讓我進退兩難的客戶，因為公司在業界的口碑不錯，前來合作的客戶很多，由於我的努力，很開心能接到一個大客戶的訂單，為一間大型企業的新辦公室提供整體裝修服務。

根據客戶的需求，我提出了幾套方案，客戶選擇了其中一套，還另外提出購買新的辦公設備和用品的需求。但我研究後發現，客戶要的那些設備並不適合他們，而且這幾款機器已經上市好幾年，無論從環保概念還是實用性上來說，都不是最好的。

回到公司後，我向主管反應了這個問題，主管表示既然是客戶自己選的，那就不要自找麻煩；更何況訂單金額不小，倘若客戶不買辦公用品，或購買其他型號，利潤便不會那麼高，業績收入將受到影響。

聽了主管的話，我覺得挺有道理的，畢竟那些機器是客戶指名要

Lesson **7** 談判成交——
找出雙贏，各取所需

的，但即將要簽合約了，我又開始猶豫不決，總覺得有愧於良心，應該把實情告訴客戶。一邊是高利潤、高業績，一邊是說出實情，損失訂單，我不知道到底該怎麼辦，您是否有什麼好的建議呢？

Dr. Wang's advice

Johnson 你好！你能在臨近簽約時做出這樣的反思，說明你是名嚴格要求自己、對客戶負責的業務員。你看到我的回覆時，可能已經做出了決定，但我還是要對你提出的問題給予以下建議：

① 誠懇且如實地將情況告訴客戶

既然產品不適合客戶，那就誠實地告知對方。但說的時候要委婉，把實際的評估資料收集得齊全且周到，不要讓他覺得是你們不想合作，最好及時詢問對方的意見。

② 向客戶推薦其他產品

客戶意識到問題之後，你要及時向客戶進行第二次銷售，推薦適合他的產品，並讓客戶明白，你是從他的角度出發，為他考慮。

★ Case analysis ★

要訂單還是要誠信？Johnson 遇到的抉擇，肯定在許多業務員的心中都浮現過。但無論如何處理，我都希望讀者們能明白以下兩點。

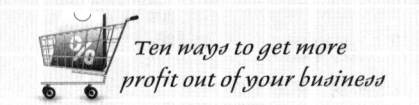

其一，誠信是企業發展的根基，誠實是業務員最好用的「招牌」。做買賣生意，誠信比一切都重要，有誠信的企業才能長久發展壯大；且只有誠實的業務員才能贏得客戶真正的信任，客戶買東西時才會第一個想到你。

其二，考慮長遠才能有長久的利益。業務員在做生意時，如果只顧眼前的利益，而不注重企業形象和長久合作，反而會讓自己失去客戶和更多的訂單。只要贏得了客戶的認可，不僅能實現與客戶長久的合作，還能經由轉介紹，得到更多的客戶，成交更多訂單。

銷售的生命力來自業務員的誠信，而不是產品。如果業務員無法做到誠信，那就只能透過「宰客」來獲得訂單，也扼殺了與客戶長期合作的可能，公司口碑和業務員的人際關係都會受到很大的影響；且誠實並不代表業務員要對客戶一五一十，視情況運用誠實，才能讓銷售有更強的生命力。

Lesson **7** 談判成交——
找出雙贏，各取所需

7-1　摸清客戶心理，找出成交關鍵

　　銷售的目的是實現成交，相信每位業務員都希望能遇到「善解人意」、「熱情大方」的客戶，但這只是業務員內心的願望而已。在實際銷售中，業務員不僅會遇到叫苦不迭的客戶，還可能遇到這樣的情況：客戶明明對產品關注很長時間了，自己也說明得面面俱到，且客戶已表現出購買的意願，但結果卻出乎意料——客戶竟然空手而歸！讓業務員大感不解，是產品介紹得不夠詳細嗎？還是自己急於求成，銷售時機預估得太早了？亦或是客戶根本沒有購買的動機呢？

　　其實，事實並不是業務員想的那樣，猶如戴爾電腦公司總裁麥可‧戴爾（Michael Dell）曾說過：「一切都要站在客戶的立場上，設身處地地為他們想一想，因為客戶有時候不一定知道自己面臨的問題有哪些、應該如何解決。」所以，為了順利實現成交，一定要先了解影響客戶成交的原因為何，進而有目的性地採取對策，達到客戶滿意，又能成交的雙贏局面。

　　因為客戶個人的負面情緒，例如：逆反情緒、不平衡心理、急躁情緒以及虛榮心理……等影響客戶成交的例子數不勝數，而企業團體客戶也同樣如此。因此，業務員要仔細分析，徹底抓住客戶的心思，順藤摸瓜，這樣才會事半功倍。

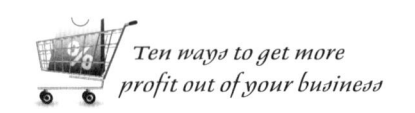

Ten ways to get more profit out of your business

❶ 避開客戶的逆反情緒

有時業務員熱情地向客戶銷售產品時，客戶不僅沒有與你產生互動，反而故意和你唱反調，使你的銷售無法進行下去，讓業務員氣憤不已；但這時千萬不可大動肝火，對於這類客戶你越生氣，非但不能說服客戶，還會把生意搞砸。

具有逆反情緒的客戶，要盡量避免與其正面交鋒，用旁敲側擊的方式，讓他們說出自己內心的需求。

❷ 撫平客戶不平衡的情緒

大多數業務員都聽過客戶的這種抱怨：「我才買兩天，這個手提包就推出八折促銷，真是虧大了」、「這家店的產品都比那家貴，但昨天我竟然失誤買成貴的那家」、「真的很無言，我的吹風機價格比她貴多了，竟然還壞掉，我再也不相信你們了⋯⋯」等等，這其實從側面反應出客戶心裡的不平衡，當客戶出現這種情況時，如果不及時處理，將影響到後續其他的生意。

但解鈴還須繫鈴人，客戶產生這種情緒不外乎來自於兩方面：一是你與競爭對手之間的差距，好比你的產品不具備競爭對手優勢；另一方面是客戶會與周圍的人相比較，從而產生這種心理。那應該怎麼做，客戶的心理才會平衡呢？

成交必殺技

● 你可以重提客戶先前較關注的利益來淡化產品缺點。比如：「小姐，要知道您剛開始購買這件產品的時候，只有我們這家店有。您看，就是您先購買，帶起了潮流，朋友才會買一樣的產品。再說了，產品也就流行

Lesson **7** 談判成交──
　　　　　找出雙贏，各取所需

那段時間，可見您當初真的很有眼光，您不覺得很超值嗎？」

- 為了讓客戶心理趨於平衡，你可以向客戶提供一些「小恩小惠」──如贈送客戶喜歡的小禮品或產品的系列配件等，將客戶的注意力轉移到額外的優惠上，讓他們能得到一些平衡。例如：「明天就是情人節了，為了回饋新舊客戶，凡是在情人節這天購買家電產品的客戶，均贈送知名品牌巧克力一盒……」等。

- 你可以重點強調產品優於競爭對手的地方。如：「這兩件產品的外觀雖然相似，但品牌不一樣，品質更是不同。我們的產品獲得國家的品質認可，您大可放心使用。」

❸ 消除客戶的急躁情緒

　　有時候業務員在介紹產品的過程中，客戶的情緒會變得異常急躁，常常表現於──你針對一些敏感問題，比如產品的價格、品質等方面進行磋商時，客戶因為你不按他的要求滿足他，就斷然離去；你產品介紹到一半時又無故被打斷，表示他們不願意浪費時間。這樣的客戶比比皆是，但業務員一定要保持冷靜和理智，先把焦點問題放下，轉移客戶的注意力，待氣氛緩和後，再與客戶繼續洽談。

❹ 滿足客戶的虛榮心

　　每個人或多或少都存著一種虛榮心，只是虛榮的程度不一樣而已，但有的客戶虛榮心尤為強烈，為了博得這類客戶的歡心，就要懂得運用「奉承」和「恭維」來迎合，說服客戶成交。你可以這樣說：「聽說您已經出版了好幾本著作，真是不簡單啊」、「其實我對產品也只是略知一二，但

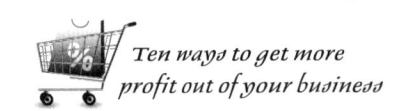

聽說您是這方面的專家，看來以後要多向您請教請教了……」等。

但別忘記注意「度」，說話既要顧及客戶的面子，也要保全好自己的自尊，否則你的「恭維」只會造成「適得其反」的效果。

成交必殺技

- 客戶對你的動機產生質疑，認為你只是為了達到銷售目的，而不顧一切，甚至可能欺騙他，從而提高警覺，增加溝通的障礙。
- 客戶雖愛慕虛榮，但也討厭虛偽，如果你的表現過於強烈，那客戶會有被嘲弄的感覺。
- 如果為了討好客戶，而不顧一切地奉承，客戶反而會認為你在巴結他，而輕視你、對你反感。

⑤ 讓企業資金「動」起來

在與企業客戶合作期間，可能會遇到客戶資金周轉困難，而導致成交失敗的案例，針對這類客戶，要想辦法弄清企業資金周轉不靈的確切原因，如果情況屬實，業務員可以與客戶共同商討一份分期付款的協定，既能紓解客戶的負擔，又不至於失去生意。

⑥ 讓客戶的分歧達成一致

有時業務員也會和團體客戶合作，這時難免出現客戶彼此意見不一、分歧的狀況，這時業務員切忌不要因為無可奈何而輕言放棄，最明智的做法就是找到最終決策者；若情況允許，可以對意見不一的客戶逐一進行拜

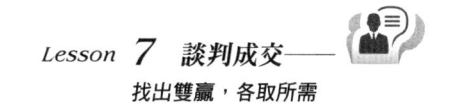

Lesson 7　談判成交──
找出雙贏，各取所需

訪，著重強調產品能帶來的利益，進而消除分歧，實現成交。

業務員遇到的客戶形形色色，不僅包括個體客戶，還可能與團體客戶甚至是企業合作，因此，業務員要針對具體問題、個別對待，只有對症下藥，才能藥到病除，從而在應對時有的放矢，遊刃有餘。

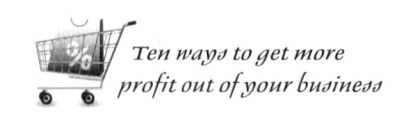

7-2 如何應對客戶的討價還價？

業務員面對的實質性階段一般就是指價格談判，讓許多業務員吃了不少苦頭，原因就在於不會處理價格異議。雖然你已做出很大的讓步，但還是無法讓客戶滿意，最終不是丟了訂單，要不就是已成交，但也損失了利潤；業績或許很好，收入卻沒有成正比；因此，聰明地運用討價還價的技巧，是業務員必須要會的大絕招。

❶ 讓客戶明白「一分錢一分貨」的道理

「一分錢一分貨」，這句話說得很有道理，因為品質好的產品，價格相對會高一點，但客戶的想法一般都是物美價廉，所以經常拿品質好的產品來討價還價，讓業務員們倍感困擾。那在實際的銷售過程中，業務員該怎麼做，才能讓客戶明白「一分錢一分貨」的道理呢？

成交必殺技

- 用事實說服客戶，所謂的事實並不是一紙公文或證書，而是讓客戶多一些產品的接觸與體驗，親身了解產品的優越性，破除心中的疑慮。
- 在為客戶介紹之前，先準備好紙筆或計算機，當面為客戶計算 CP 值，讓對方全面了解產品的品質，從而讓他信服。

Lesson 7 談判成交──
找出雙贏，各取所需

❷ 選對報價時機

報價時機是否選得正確，往往決定了一場銷售的成敗，也就是說，業務員只有正確選擇報價時機，才有可能助銷售工作一臂之力；只有報價的時機恰到好處，才能真正贏得銷售的成功。

成交必殺技

- 清楚客戶身分之後，再報價。客戶身分、職稱的不同，對產品價格也會持有不同的態度，所以，報價前一定要先了解客戶的類型，根據客戶的購買意向，採取合適的銷售對策。
- 在成熟的時機報價。成熟的時機也就是客戶對產品已充分了解，且購買意願濃厚時，業務員可以向客戶傳達一些產品的價格資訊。

❸ 一開始報價不要太低

有些業務員常利用低價來吸引客戶注意，認為這樣可以縮短銷售時間，更易促成交易，但結果往往不盡人意，落得竹籃打水一場空的下場。因為客戶在購買產品時，心裡就抱著價格能比報價再低的期望，若業務員一開始的報價太低，反倒失去了讓利空間，所以報價前，一定要有所權衡，避免讓自己陷入被動的局面。

❹ 讓客戶出價

銷售過程中，產品的價格往往是透過雙方一來一往的議價中決定的。給客戶出價的機會，讓客戶參與到訂價的過程中，是順利處理價格異議的

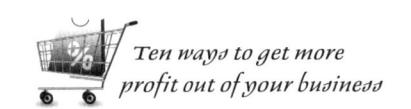

前提,但在實際銷售中,有些業務員總把出價的主動權緊握在自己手中,強迫客戶接受,那效果自然是適得其反。因此,在處理價格爭議時,一定要靈活應對,適時地讓客戶出價,讓客戶有「贏」的感覺,促使銷售順利進行。

成交必殺技

- 了解客戶的購買情況。面對客戶時,業務員要善於觀察他的一舉一動,從中獲悉客戶的身分、知識水準和購買意向,據此來決定客戶出價的時機與方式。

- 為客戶劃定一個價格圈。先讓客戶親身體驗產品的品質,如果客戶滿意,價格範圍可以稍微報高點;如果客戶反應冷淡,價格就要訂得低些,但務必要高於底價,這樣才能保有讓客戶討價還價的空間。

❺ 採用「以退為進」的策略

這是一種迂迴的進攻戰術,藉由對客戶讓步的方式,來達到推動銷售進度的目的。在實際銷售中,往往因為業務員缺乏變通,浪費不少口舌,而無法贏得客戶的青睞;所以,業務員若懂得採用這種方法,就能讓銷售「柳暗花明」,早一步取得訂單。

但讓步並不意味著妥協,也是要講究方法的,在銷售中,只有業務員正確使用這種方法,才能「以退為進」,獲得銷售的成功。

Lesson 7 談判成交──
找出雙贏，各取所需

成交必殺技

- 讓步也要注重回報。在每次讓步的過程中，都要考慮是否值得，是否有回報，這樣才能實現雙方的互利共贏。

- 「退」得要有尺度。在價格上，如果一下子讓步太大，有可能使之後的讓步逼近底線，那銷售就會步入僵局，前功盡棄。

- 放長線，釣大魚。對客戶進行價格讓步時，要結合長遠的利益，充分考慮讓步的幅度與尺度，不然會失去很多寶貴的銷售機會。

- 摸清客戶的底線。客戶的價格底線，是業務員適當讓步的基礎，唯有這樣，才能打造出雙贏的局面。

❻ 打破談判僵局

在銷售過程中，如果價格處理得不好，難免會讓談判陷入僵局，最終不得不以失敗收場。所以銷售溝通一旦誤入僵局，業務員就要學會審時度勢，盡可能在短時間內調整銷售氛圍，化解僵局，讓銷售回歸正軌，取得成功。

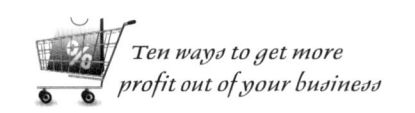

7-3 識別購買訊號，抓住成交暗示

全球最佳銷售教練傑佛瑞‧吉特默（Jeffrey Gitomer）說過：「識別購買信號是業務員走向成功的關鍵。如果你忽略了這些信號，那就會與訂單擦肩而過。」可見，在銷售過程中，識別客戶發出的購買信號，是銷售成功的第一步，因此，作為一名業務員不僅需要良好的溝通技巧，更要具備敏銳的觀察力。

通常，當客戶有了購買意願並希望成交時，他們不會主動告訴銷售員希望馬上成交，反而是不自覺地發出一系列成交信號，例如積極詢問，用充滿期待的眼神反覆看著同一件產品。但經驗欠佳的業務員，卻往往在客戶「頻送秋波」，發出成交信號時，仍然「不解風情」，以至沒能把握好客戶的成交暗示，最終與訂單擦肩而過。

那業務員該如何在第一時間識別並把握住客戶所發出的成交信號呢？很簡單，只要從以下三方面做起，即察其情，聽其言，看其行。

❶ 看出客戶的成交信號

臉部表情是一種無聲的語言，它能在一定程度上，透露出一個人內心真實的欲望。它的表現形式很微妙，且具有迷惑性。同樣地，在客戶準備做出成交之前，也會有意無意地透過臉部表情，來表露自己內心真正的欲

Lesson **7** 談判成交──
找出雙贏，各取所需

望，表情有時甚至比語言更能暴露出內心真實的想法。所以，在與客戶溝通的過程中，要認真觀察對方的表情，抓緊客戶內心的細微變化，才能準確地識別出購買欲望，及時促成交易。

❷ 明確客戶所表達的成交信號

在銷售過程中，語言是客戶流露內心購買欲望最直接的表達方式，由於客戶的表情有時並不明確、曖昧不明，所以除了細心觀察客戶的表情外，業務員還應該特別留意，仔細聆聽客戶的一言一句，並及時、準確地識別語言背後的真實內涵，從而抓住客戶的成交信號。

當然，產品的不同，客戶的語言表現也有所差異，但只要客戶開始詢問以下問題時，就代表他有強烈的成交意向，這時只要抓住時機，強調產品優勢，進一步拉近產品與客戶的距離，成交就近在咫尺。

成交必殺技

- 詢問細節問題。比如，客戶向你詢問產品的各種細節，注意事項和售後保固服務等問題，你除了耐心地講解與回覆外，還要誘導對方提問，以便消除客戶的疑慮，使其迅速做出成交決定。

- 給予一定的肯定和贊同。這是成交的好機會，但你絕不能為了實現成交，而過分附和客戶，貶低其他產品，這時你只要適時強調自己產品的優點即可。

- 以種種理由要求降價。這是非常有利的信號，說明客戶已將產品的價格和自己的支付能力進行比較。雖然業務員以成交為最終目的，但也不能在尚未判明客戶是否有支付上的困難時就斷然降價，這樣反而會讓客戶覺得你的讓步無趣，甚至物非所值。這時，你不妨根據數量來計算折扣，這樣也能放長線釣大魚。

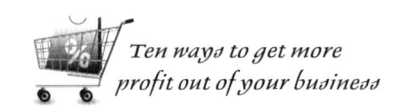

Ten ways to get more profit out of your business

❸ 捕捉客戶所表現的成交信號

業務員在介紹產品時，客戶可能會不經意地表露出不同的動作特徵。比如變換站姿或坐姿，拿起商品認真鑑賞或操作等，這些都是客戶心態不自覺的流露，很可能是在表示一種「基本接受」的態度，說明「火候」剛到，只要你繼續「趁熱打鐵」，相信很快就能成交。

成交必殺技

- 頻頻點頭，對產品的介紹或產品本身表示滿意。

- 將業務員介紹給主管或負責人。

- 由靜到動。業務員在介紹產品時，由雙手抱胸的防備性動作轉向仔細地閱讀產品說明書等狀態。俗話說：「愛不釋手」，既然客戶都動「手」了，就表示他萌生成交意向了。

- 由緊張到放鬆。客戶在購買前總會「貨比三家」，害怕買到不好或不合適的產品，難以下決定而感到焦慮不安；但只要客戶認定自己要購買的產品時，動作就會表現得輕鬆起來。例如坐姿由靠在椅背上漠不關心到前傾靠近業務員，表現出對產品的濃厚興趣。

銷售無難事，只怕有心人。對大多數業務員來說，第一時間抓住客戶發出的成交信號，並促成成交，已成為提高銷售業績必備的「殺手鐧」。

Lesson 7　談判成交——
找出雙贏，各取所需

7-4　掌握客戶內心的五種成交心法

當業務員觀察到客戶發出的成交信號後，便要抓住時機，及時針對當下的具體情況，採用適當的方法來說服客戶，促成交易。一般說服客戶成交的方法主要有以下幾種。

❶ 請求成交法

即業務員用簡單明確的話，直接要求客戶購買產品的方法。因為一般情況下，客戶都不喜歡主動，這時就要靠業務員來推一把，促使客戶做出決定。當然，如果客戶表現出成交的意願，那業務員就可以毫無顧忌地使用這種方法，達到成交；這種做法比較直接，能節省雙方不少時間，也有利於排除客戶不願主動成交的習慣性心理，加速客戶購買。

為了達到最佳效果，業務員在遇到以下情況時，可以優先選擇請求成交法。

成交必殺技

- 客戶是老顧客。
- 客戶對產品有明顯的好感。

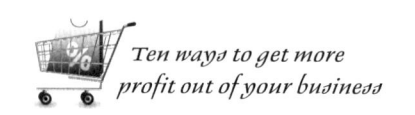

- 客戶對產品已產生濃烈的興趣，但還沒有意識到要成交。
- 客戶對產品已沒有任何異議。

當然，業務員在運用這種方法前，一定要做好被拒絕的準備，且請求成交並不是乞求成交，運用時一定要神態自然，語氣從容，充滿自信。

❷ 欲擒故縱成交法

為了促成交易，故意在介紹產品的時候放慢速度或冷淡客戶，然後激起對方的興趣，從而促成成交，這種方法就是欲擒故縱法。

在與客戶溝通的過程中，如果業務員為了促成交易，步步緊逼，就會給客戶帶來巨大的壓力。但每個人所能承受的壓力是有限的，所以客戶可能在不知不覺間產生反感，放棄與你溝通，這時若你使用欲擒故縱法，能稍稍讓客戶減輕壓力，解除反感和警惕之心，反而有利於你「擒」住客戶。

成交必殺技

- 可以在為客戶介紹的時候，強調現在是促銷活動期間，給予客戶一定的贈品和折扣，但有時效性，讓客戶萌生一種「機不可失，失不再來」的心理感受。
- 還可以利用限量銷售、限時搶購等方式，向客戶強調：「這款商品的銷量確實不錯，目前公司僅剩下兩台現貨了，您現在不買的話，可就錯失良機了。」
- 可以準備一些試用品，讓客戶親身體驗、感受魅力，從而提高產品的知名度和市場佔有率。

Lesson **7** 談判成交——
找出雙贏，各取所需

❸ 鋪墊式成交法

客戶在做出成交決定之前，往往會權衡利弊，不僅考慮到產品情況，也會考量到個人的實際需求，因而與業務員事前準備好的順序相悖。此時，業務員要迅速理清自己的銷售頭緒，運用層層鋪墊的方式，進一步引導客戶轉向成交。

成交必殺技

- 把握客戶的特點。準確了解和掌握客戶的特點，是成交與否的關鍵，積極檢討每一次的銷售經驗，運用觀察與詢問相結合的方法，有效獲取客戶特點。

- 針對客戶分解銷售目標。與客戶溝通是一個雙向過程，再厲害的業務員都不可能做到「一步到位」，這時就要緊緊圍繞著目標，進行層層鋪墊，循序漸進地走向成功。

- 做好鋪陳，引導客戶走入成交軌道。實際銷售的過程中，首先讓客戶認同需求，然後讓客戶認同產品的優勢並解決疑慮，最後再看準時機提出成交請求。

❹ 銳角成交法

在銷售過程中，有的客戶總會提出各種理由作為拒絕購買的藉口，如何跨越處理這些理由，進一步和客戶溝通，便是決定銷售能否深入進行的關鍵。

而銳角成交法，就是「見風使舵」，借用客戶的反對意見，巧妙地轉化為他們的購買理由。在運用這種方法的時候，業務員要敏銳地從客戶的

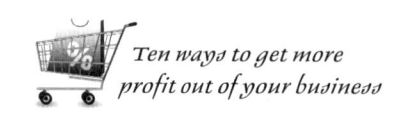

反對意見中找到突破口,且傳達給客戶時,表情一定要自然,千萬不要牽強附會地硬把客戶拉往成交,否則很難達到應有的效果。

成交必殺技

- 如果客戶說「沒時間」,那你就應該以時間為誘餌,巧妙回答:「正是因為沒時間,才更要考慮這款產品,它可以提高您的工作效率,為您節省大量的時間。」
- 如果客戶說:「我沒錢」,那你就要順著客戶的話說:「您真愛開玩笑,看您的氣質與穿著,就知道不像我們這種領死薪水的,怎麼會花不起這小錢呢?」然後多談產品的價值,少談價格,才不會影響客戶的決定。
- 針對客戶提出的「產品品質差」,拿出證明資料或其他具有權威性的證書,打破客戶的藉口,讓客戶信服。

❺ 價格爭議成交法

價格爭議往往是客戶異議的核心問題,且客戶提出的異議,也往往圍繞著價格問題展開。業務員應該注意,當客戶一味死守著價格問題不放時,你千萬不要一直繞著價格打轉,反而要將客戶的焦點轉移到他們感興趣的產品價值上,否則,你會被客戶牽著鼻子走,陷入價格爭議的漩渦。

在實際操作中,解決價格爭議最有效的具體方法有兩種:一種是差額比較法,另一種是整除分解法。

Lesson **7** 談判成交──
找出雙贏，各取所需

成交必殺技

- 差額比較法：客戶對價格產生強烈的反彈時，你要主動引導對方說出自己心目中合理的價格，然後將彼此提出的價格進行比較，並在差額上做些文章，突出產品的價值。

- 整體分解法：緊緊圍繞著客戶的興趣點，將產品的價格按月、季度或年等進行分解，「以多化少，以大化小」，這樣客戶較易於接受。這種方法不僅簡單，也相當有用。

在銷售過程中，以上五種方法的應用最為廣泛，但說服客戶成交的關鍵，還是在於產品的魅力及業務員隨機應變的能力，要學會靈活應用，根據客戶不同的反應，採取適當的方法進行說服。試想，這樣還有談不成的生意嗎？

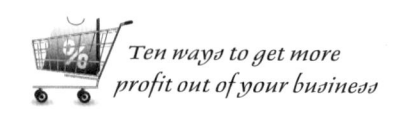

7-5 成交後的服務才是關鍵

如果你認為銷售僅是一個實現成交的過程，那你就大錯特錯了。有經驗的業務員在成功談成一筆訂單之後，並不會就此把銷售工作畫上圓滿的句號，因為他們知道，生意要想做得長久，成交並非是銷售的終止符；成交後，銷售仍在繼續，那接下來的銷售應該如何進行呢？

❶ 有目標地推薦其他產品

一筆單成交之後，有經驗的業務員往往會「得寸進尺」，繼續針對客戶的需求推薦其他產品，但這並不是業務員貪得無厭，而是他們意識到自己的產品能滿足客戶，那為了實現長遠的目標，何樂而不為呢？

在與客戶成交的基礎上，進一步銷售產品，不僅可以免去許多障礙並節省成本，也較能輕易引起客戶的認同；但在進行再次銷售前，業務員一定要先了解客戶其他具體的需求，才不會引起客戶反感。像增加了解客戶的途徑，業務員不能只將目光投注在客戶本身，要懂得透過客戶身邊的親友，了解客戶的需求，及時進行總結、驗證，為下一步成交做好準備；並時時注意自己的態度和語氣，對疑心病重的客戶，採用旁敲側擊式的詢問，留意客戶的反應；對熱情的客戶，則態度誠懇，表明願意與其保持長期友好的合作意願。

Lesson **7** 談判成交——
　　　　　　　找出雙贏，各取所需

❷ 售後服務要做好

　　有些業務員總認為實現成交後就萬事大吉了，覺得售後服務是其他人的事，與自己無關。而抱持這種想法的人，大多目光短淺，缺乏高識遠見，若想在業界嶄露頭角，售後服務這方面的工作是絕對不容忽視的，因為做好售後服務，一方面可以減少客戶的抱怨，鞏固與客戶的關係，有效培養客戶的忠誠度；另一方面還有助於公司品牌形象的建立與傳播，在無形中吸引新的潛在客戶。

　　因此，無論是從短期效益還是公司長遠的發展來看，業務員與其他部門相互配合，做好售後服務是十分必要的。

> **成交必殺技**
>
> ● 主動詢問客戶需要什麼服務，既表明自己的關切，又能幫客戶有效解決問題，避免自己瞎猜、做白工。當然，在詢問時要態度誠懇，有禮貌地徵求客戶的意見。
>
> ● 在客戶需要時，給予有效的幫助。成交之後，客戶對產品若有任何問題，只要在你的能力範圍之內，就不要吝嗇你的幫助，要知道你付出得越多，得到的回報就越大。

❸ 成交後的客戶維繫很重要

　　如果在成交前，對客戶萬般殷勤，而成交後卻不見蹤影，那未來再次與客戶合作時，對方對你不予理睬也是很正常的，且一定會影響到你日後的業務拓展。因此，無論從個人考量，還是從客戶的主觀理解，業務員都應該隨時與客戶保持聯繫。

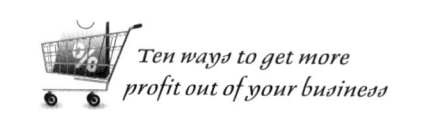

但成交後，客戶通常是不會主動與業務員聯繫的，業務員要採取主動進攻的方式，持續追蹤、勤回訪，盡量替自己創造出與客戶緊密維繫的大好機會。

④ 搭建有效的網絡

作為一名業務員，要想擁有傲人的銷售業績，人脈不容忽視。在成交之後，要盡可能地和客戶結成網狀人脈關係，這樣你就能擁有豐富的客戶資源，來面對競爭對手的進攻，整體來看，這對你的銷售事業是大有裨益的。

成交必殺技

- 針對不同的客戶建立相應的追蹤連結。將客戶資料建檔，及時更新和填充，然後對客戶進行準確分類，把時間和精力花在關鍵之處，有的放矢地建立相應的追蹤連結。

- 盡可能建立一個緊密聯繫的銷售網絡。可以運用 LINE 或 FB，將客戶集中起來，方便日常聯繫，又能及時了解客戶的動態，規劃最適合對方的銷售方案。

- 拓展與客戶聯繫的方式。比如邀請客戶參加產品發表會，或向客戶寄一些公司刊物、廣告 DM 等。

- 不要忽略每個細節，積極廣發名片，你會收到意想不到的效果。

⑤ 為下次成交做好準備

作為業務員，時刻都要為銷售做好準備，即使是工作外的時間也是，

Lesson 7　談判成交──
找出雙贏，各取所需

否則機會到來時，你只能任其白白溜走。

怎樣才能做好充足的準備呢？當然平時應多注意各項知識、資訊的累積，做好必要的心理準備；除此以外，還要盡量增加自己與老客戶或潛在客戶溝通的機會，隨時做好準備，才能真正做到有備無患。

成交必殺技

- 隨時留意自己的言談舉止，多使用禮貌用語，比如沒關係、不客氣、非常榮幸等；在站姿、坐姿、走姿等行為上也應優雅、大方，這在第二章已經談過，這裡就不多作介紹。

- 多注重老客戶身邊的人，無論老客戶身邊的人地位高低，都要像對待老客戶或主管一樣，讓他們感受一下「當上帝」的感覺。

- 利用假日到潛在客戶密集的地方，比如俱樂部或高級餐廳，當然得視產品而訂，尋找相符的地方。

- 培養自己的演講能力，平時讓家人、朋友或鏡子當你的觀眾，大聲介紹自己的產品，提高對產品的自信。

- 做客戶免費的秘書，多留意客戶說過的話或公開的行程，時刻提醒客戶的行程安排。

業務員千萬不要滿足現有的銷售業績和客戶資源，更不要因為過去遭遇的艱難而畏縮不前，把握住每一次銷售機會，及時查漏補缺，增加豐富的客戶資源，累積經驗，這筆交易雖結束，但生意仍舊為進行式。

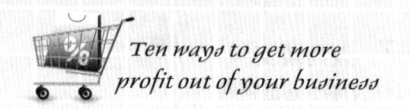

銷售加分題

業務員談判能力自我檢測表

　　良好的溝通能力是處理好人際關係的關鍵，而業務員要想處理好與客戶之間的關係，成功取得訂單，那頂尖的談判能力必不可少。談判能力是一種特殊的技能，它決定了業務員能否給客戶留下一個好印象，用產品巧妙打動客戶的心。

　　既然談判能力這麼重要，那業務員要如何知道自己是否具備了談判能力呢？以下為讀者準備了一些關於談判能力的自測題，可以充分了解你的談判程度。

　　本測題特意挑選了一些在工作中經常會遇到，比較尷尬、難於應付的情境，檢視你能否正確應對、處理這些問題，從而檢測出你是否具備這項技能。最後，我們會給出相應分數的建議供你參考，快來測測看！

❶. 在你心中，你認為談判是什麼樣的？
　　A. 高度競爭
　　B. 高度合作
　　C. 大部分競爭、小部分合作
　　D. 大部分合作、小部分競爭
　　E. 各占 50%

❷. 在談判前，你會做好充分準備並保持樂觀的態度嗎？
　　A. 每次
　　B. 經常
　　C. 有時

Lesson 7 談判成交——
找出雙贏，各取所需

D. 偶爾
E. 從不

❸. 在談判前，你如何和公司的人討論談判目標和事情的優先順序？
　　A. 適當地討論，效果很好
　　B. 常常討論，效果一般
　　C. 時常且很認真地討論
　　D. 偶爾討論，但效果不好
　　E. 很被動，只是在執行主管的命令

❹. 在談判中，你定下的目標難易度通常如何？
　　A. 非常難，幾乎達不到
　　B. 相當難，但只要努力便有可能達到
　　C. 一般
　　D. 適合自己的
　　E. 很容易就能達到的

❺. 你是否喜歡向生意人做銷售？（傢俱、生活用品、汽車一類的商人）
　　A. 極其喜歡
　　B. 喜歡
　　C. 無所謂
　　D. 相當不喜歡
　　E. 憎惡

❻. 你認為自己是一個謹守策略的人嗎？
　　A. 肯定是，我是按部就班的人
　　B. 是，但有時會忘記
　　C. 會合理、靈活地運用
　　D. 經常忘記策略

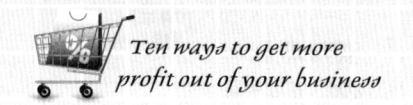

E. 自己好像總是先說後思考

❼. 在買東西的時候,將產品殺到一個很低的價位,你覺得合適嗎?
　　A. 我覺得非常不好
　　B. 不太好吧,很少會這樣做
　　C. 感覺不太好,但還是會這樣做
　　D. 常常如此,無所謂
　　E. 已把它當成一種習慣,感覺很好

❽. 當你被惹怒時,會表現出很激動的樣子嗎?
　　A. 我會很鎮靜
　　B. 原則上保持鎮定,但還是會被對方激怒
　　C. 和大部分人反應相同
　　D. 比較急躁
　　E. 有時會激動起來

❾. 對自己目前掌握的知識與技能來說,若與同事相比,你有信心嗎?
　　A. 比大多數人有信心
　　B. 相當有信心
　　C. 和他們差不多
　　D. 有點自卑
　　E. 坦白說,非常自卑

❿. 在談判時,對於一些棘手的問題,你的成果如何?
　　A. 相當好
　　B. 超過一般人
　　C. 一般而已
　　D. 不太好
　　E. 十分糟糕

Lesson **7** 談判成交──
找出雙贏，各取所需

⑪. 銷售同一種產品，同類公司都照著成本提高 5% 為售價，你的主管卻非要你加到 10%，你感覺如何？

　　A. 不喜歡，會避免這種情況發生
　　B. 不喜歡，會不情願地去做
　　C. 勉強去做
　　D. 盡量去做，不怕嘗試
　　E. 喜歡並期待這種考驗

⑫. 如果身處壓力之下，和同事相比，你的思緒及思考能力還是能保持清晰嗎？

　　A. 是的
　　B. 比多數人好一點
　　C. 普通
　　D. 低於大多數的人
　　E. 不清晰

⑬. 面對語句含糊不清，其中還夾雜著很多贊成和反對的言論，你有何感覺？

　　A. 非常不舒服，希望不是這個樣子
　　B. 相當不舒服
　　C. 不喜歡，但還能接受
　　D. 不會受影響，習慣就好了
　　E. 事情本該如此

⑭. 別人陳述的觀點與你不同時，你能聽進去嗎？

　　A. 我會把頭撇開
　　B. 很難聽進去，只聽一點點
　　C. 認為無關緊要，毫不在意
　　D. 禮貌性地傾聽

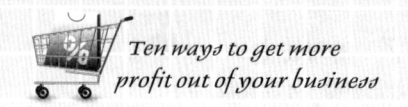

E. 很注意地聽

⑮. 對於視察出談判中的問題，你的調查能力如何？
   A. 我通常都能知道
   B. 大部分時間都能了解
   C. 我能猜到且相當準確
   D. 對方常常會令我吃驚
   E. 找不到問題的關鍵所在

⑯. 在談判時，你能臨危不亂，堅持下去嗎？
   A. 非常堅持
   B. 相當堅持
   C. 適度堅持
   D. 不太能堅持
   E. 根本堅持不下去

⑰. 假如對方解釋很多次了，但你還是不太了解，必須再問一次，你的感覺如何？
   A. 我不願意那麼做
   B. 太困窘了
   C. 十分不好意思
   D. 還好，會繼續去做
   E. 不會有任何猶豫

⑱. 假設你是某建築大廈的買主，由於提出的要求太高，承包商表示需要更改設計圖，並再另外收取費用，但你又因為他能勝任這項工作，非常需要他，對於他的加價，你有什麼感覺？
   A. 馬上跳起來抗議
   B. 非常不高興

Lesson 7 談判成交——
找出雙贏，各取所需

C. 好好和他商議，不急著付款
D. 雖然不高興，但還是照付
E. 和他對抗

⑲. 對於生意場檯面下的祕密，你會怎麼做？
A. 非常保密
B. 相當保密
C. 一般情況下能守口如瓶
D. 有時會把祕密說出來
E. 常常會說出來

⑳. 在談判中，你會將自己內心的情感流露出來嗎？
A. 非常容易
B. 比大部分人多
C. 一般
D. 不常流露
E. 幾乎沒有過

㉑. 面對直接的衝突，你有什麼感覺？
A. 非常不爽
B. 相當不爽
C. 雖然不喜歡，但還是面對它
D. 喜歡這種挑戰
E. 非常喜歡這種機會

㉒. 你對解決問題是否有創見？
A. 非常有
B. 相當有
C. 一般

255

D. 不太有
E. 一點也沒有

❷❸. 你是否有足夠的氣場能獲得員工的尊敬,讓員工願意聽從你的領導?
A. 非常有
B. 相當有
C. 普通程度
D. 不太有
E. 一點也沒有

❷❹. 你會在乎客戶滿意的程度嗎?
A. 非常在乎,會想保全對方的利益
B. 比較在乎
C. 無所謂,但還是不希望他權益受損
D. 有點關心
E. 還是為自己做好打算吧

❷❺. 對方說的話,你會全然相信嗎?又會如何處理?
A. 不相信,徹底地調查
B. 十分懷疑,調查大部分
C. 一般程度的懷疑,調查某些話
D. 有時會懷疑,但行動力不足
E. 完全相信,且不會去調查

❷❻. 你對別人的動機、言談舉止、私人問題及願望的敏感程度如何?
A. 高度敏感
B. 相當敏感
C. 一般
D. 低於大部分人

Lesson 7 談判成交──
找出雙贏，各取所需

　　E. 不敏感

㉗. 關於交易結果，你贊成哪一種？
　　A. 雙贏
　　B. 對自己較有利
　　C. 對對方較有利
　　D. 自己有利，對方不利
　　E. 各顧各的

㉘. 你能做到適當表達自己的觀點，不對他人產生威脅嗎？
　　A. 常常如此
　　B. 相當如此
　　C. 偶爾
　　D. 不常
　　E. 幾乎沒有過

㉙. 正常情況下，你會如何做出讓步？
　　A. 非常緩慢
　　B. 相當緩慢
　　C. 和對方速度相同
　　D. 我會多退一點，讓交易盡快完成
　　E. 我不在乎付出多少，只要交易能完成

㉚. 對於影響事業及財務的風險，你如何應對？
　　A. 比大多數人都能接受
　　B. 比大部分人更能接受大風險
　　C. 只能接受很小的風險
　　D. 偶爾才會冒一點風險
　　E. 很少冒險

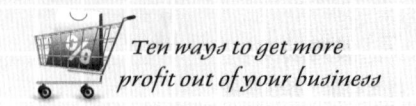

評分標準與解析

題號	A	B	C	D	E
1	2	2	8	6	4
2	10	8	6	4	2
3	6	4	10	8	2
4	8	10	6	4	2
5	6	8	8	4	2
6	10	8	6	4	2
7	2	4	6	8	10
8	10	8	6	4	2
9	10	8	6	4	2
10	8	6	6	4	2
11	2	4	6	8	6
12	10	8	6	4	2
13	6	4	10	8	2
14	2	4	6	8	10
15	8	6	6	4	2

題號	A	B	C	D	E
16	8	10	6	4	2
17	2	6	4	6	8
18	10	6	8	4	2
19	10	8	6	4	2
20	2	4	4	6	8
21	2	4	6	6	4
22	8	6	4	4	2
23	10	8	6	4	2
24	10	8	6	4	2
25	8	8	6	4	2
26	8	6	10	4	2
27	6	10	2	8	4
28	2	4	6	8	10
29	10	8	6	4	2
30	8	10	6	4	2

第一級（225～278）

　　恭喜你！你的談判能力已達到相當高的水準，能在工作中有效表達自己的想法，也很容易獲得別人的援助，工作起來可說是得心應手。看完本章內容後，想必能讓你的談判更加順水順風！

第二級（170～224）

　　你對談判需要準備的問題有相當的了解，但還是有進步的空間。所以，可以反覆閱讀本章，看看是否有什麼可以有助於你提升自己的談判水準。

Lesson 7 談判成交──
找出雙贏，各取所需

第三級（115～169）

　　你對談判有一定的了解，在談判前也會做事前準備，但卻無法在談判中堅持自己的計畫；換句話說，你不能控制好局勢，不管是什麼情況都可能自亂陣腳，本章應該可以幫助你提高談判能力。

第四級（60～114）

　　你的想法還處於初級階段，良好的談判往往離不開必要的準備，你要明白自己能接受的最低限度為何，什麼是你能實現的最低結果。如果你即將面臨要說服同事、改變客戶想法，或與主管進行談判，本章絕對能助你一臂之力。

銷售充電站

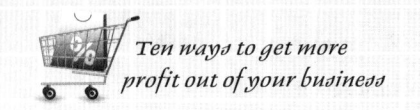

讓客戶滿意，成為超級業務！

　　如果你現從事的工作已十年有餘了，每月可以拿到一份穩定且不低的薪水，你還會想辭掉現在的工作，改從事一份底薪低、靠業績獎金吃飯的業務工作嗎？相信大多數人都會搖頭，甚至認為只有傻子會這麼做，但魏先生就做了這件「傻子才會做」的事情。

　　魏先生原是明星高中的老師，每天過著朝九晚五的生活，日子倒也挺清閒，但他是一個愛好挑戰、動力十足的人，並不滿足於現狀，便在沒有告知家人的情況下，投身商海——成為一名健康器材的銷售員；更讓人震驚的是，他從事銷售不過短短三年的時間，收入卻比以前工作十年加起來的薪水還高，更被公司連升三級，成為公司的業務總監，你想知道他是如何辦到的嗎？

　　他還在當老師的時候，就養成了晨讀的好習慣。轉職後，他深知健康器材和其他商品不一樣，若想讓客戶買單，就必須多了解一些醫學知識。所以，他利用以往晨讀的時間來研究醫學相關的書籍，並學習一些銷售技巧。他發現，說服客戶購買的目的，並不僅僅是讓自己得益，還要讓客戶受益，這樣對方才會願意買你的產品。於是魏先生便本著「我的目的不是賣器材給客戶，而是要讓客戶買到最能滿足其需求的保健器材」的原則，進行每筆銷售。

　　一個月後，魏先生迎來一對中年夫婦，他們想為父母買一台按摩椅，挑來挑去，最後選擇了一款價格較為昂貴的按摩椅。魏先生打量

Lesson 7 談判成交——
找出雙贏，各取所需

了他們的穿著，便知道他們絕對負擔得起，但魏先生還是專業地詢問對方父母年齡多大了，身體健康情形等相關情況，最後為他們推薦了一台較為便宜，又能滿足他們需求的產品。這對夫婦對魏先生的服務態度深受感動，業務員一般都會推薦客戶買貴的，但他卻推薦客戶買最合適的，衝著他的真誠，這對夫婦最後竟然買了兩台按摩椅。正是魏先生這種雙贏的精神，贏得客戶的信任與歡迎，這也是他只花一年的時間，便成為公司業務總監的重要原因。

而魏先生之所以總能順利地讓客戶買單，還要得益於他的報價技巧，剛開始的時候，他為了得到客戶的青睞，會刻意將價格報得很低，沒想到客戶還是要求降價，自己卻無法滿足對方的需求，連一點議價空間都沒有，最後不得不放棄這筆訂單。吃了一次虧的魏先生，記取教訓，在報價的時候，總會把價格底線升高一些，當客戶要求折扣的時候，魏先生也不急著降價，或一下子把價格降到最低，而是一步步地讓客戶嚐到殺價甜頭，這樣客戶反而更容易接受，而且是樂於接受，所以成交率是一次高過一次。

另外，魏先生的成功還得歸功於他的售後服務做得相當周到，也因此有很多人主動為他介紹客戶。實現成交之後，他通常間隔一定的時間就會與客戶聯繫，向客戶說明自己打電話的用意，詢問他們對產品是否滿意，使用後的效果如何。如果得到的是肯定的評價，他也不會立即掛斷電話，反而繼續真誠地讚美客戶做出了一個明智的選擇，必要的時候，還會與客戶聊一聊在使用產品時發生的一些有趣細節；如果客戶不滿意，那他會深入地詢問客戶問題究竟在哪裡，然後誠摯地道歉，向客戶保證一定會盡快幫他解決這些問題。

對於一些細節的問題，魏先生也做得非常到位。有時候，一些保

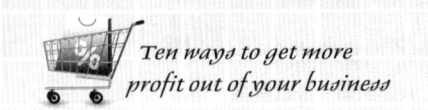

健器材難免會存在一些小缺陷，在售後服務人員解決之後，魏先生會立即打電話回訪客戶，再次確認維修後是否還有其他問題，或是維修人員是否有任何得罪的地方，並對客戶表示感謝，希望客戶在之後的使用過程中，也能及時提出問題與建議。此外，他還特別整理了一份「檔案」，記載了客戶購買的產品、使用狀況以及提出的建議等，在回訪時，他會針對客戶的情況，免費贈送客戶一些小禮品。

就這樣，魏先生在入行幾年之後，不用做客戶開發，訂單就與日俱增，有些老客戶甚至非他的產品不買。現在魏先生已成為赫赫有名的「銷售天才」，你還會覺得轉行做業務員是「傻瓜才會做的事」嗎？

魏先生做出了「傻瓜」才會做的決定，卻做到了「天才」才能達到的業績，如此巨大的變化，究竟得益於什麼呢？對於做了那麼多年的「老本行」，突然要轉行，讓很多人感到不解，因為要從一個新的起點出發是很難的，承受的壓力也很大；但魏先生始終堅信自己的選擇，對客戶的態度真誠、售後服務完善，就連一些不起眼的細節，他都看在眼裡、記在心中。試想，這樣優秀的業務員又怎能不得到客戶的信任，受到歡迎呢？

那我們可以從魏先生身上學到哪些知識和技能呢？

❶ 時時為客戶著想，實現雙贏

賣產品，只有讓客戶看到產品的價值，感到有利可圖、物超所值，客戶才會心動，進而想要購買。魏先生就是以客戶的利益為出發點來做銷售，時刻為客戶著想，不推薦貴的，只推薦適合客戶的，也正是因為自己的真誠，

Lesson 7 談判成交──
找出雙贏，各取所需

感動了客戶，產品才不愁賣不掉。

在實際銷售中，業務員不能只顧自己的利益，認為只有賣出產品才是王道。如果客戶購買你的產品，但需求並沒有被完全滿足，那結果可想而知，他是不會再相信你的。

❷ 開始報價不要太低

魏先生就是因為吃了一次虧，一開始報價太低，害得自己沒有讓步的餘地，最後讓客戶產生不信任，只能眼看到手的生意就這樣被自己搞砸。我們一定要以此為鑒，避免出現這種一開始報價太低的情況，雖然低價能吸引客戶來消費，但最終結果卻會讓我們得不償失。

❸ 重視售後回訪

有的業務員在成交後，拿了錢就不見蹤影，這往往也是對自己產品沒有自信的表現。案例中的魏先生並沒有在成交後就消失得無影蹤，還相當關注客戶對產品的評價、滿意狀況，時刻做好為客戶服務的準備。且他還特地為客戶提供小禮品，讓他們對產品更滿意。記住：只有讓客戶對產品滿意，你的銷售才能繼續進行下去，客戶才會主動幫助你介紹新客戶，訂單才能日益增多，源源不斷。

Lesson 8

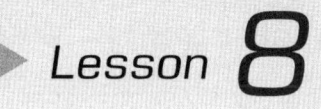

回收帳款

Ten ways to get more
profit out of
your business

守好最後一道關卡

銷售諮詢室

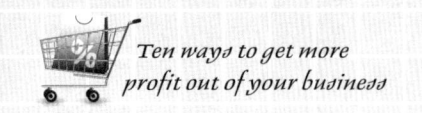

年資十年，為何我還是業務專員？

★ Requesting for help ★

Dear 王博士：

您好，我是來自台中的讀者，我做業務十年了，對您早有耳聞，之前曾聽過您的演講，您提到的銷售新觀點，我十分認同，但礙於場地和時間的關係，無法與您面對面交流。其實我對銷售一直存有些疑問，以致我目前的工作正被一個非常大的問題困擾著，希望您能幫我分析一下。

說來話長，我在剛入行時，就像一隻迷茫的羔羊，因為沒有經驗，犯了很多錯誤，因而鬧出不少笑話，當然工作也非常不穩定，我賣過手機、銷售過電器，還做過醫療器材的銷售，在不同的企業間輾轉徘徊。經過四、五年的摸爬滾打，我學會各種應酬技巧，穿梭於不同職業、地位和身分的客戶之間，做著不同的銷售生意。與客戶談生意，對我來說已經不再像剛入行時那樣困難了，做銷售不過就是拉關係，吃飯、喝酒應酬，只要適當地嚇唬一下客戶，再多給一些折扣，生意就一筆接著一筆，認為做業務也不過如此而已。

但最近有件事卻讓我產生危機意識。我目前在一家德國衛浴公司做業務員，做差不多四年了，因為先前有多年的工作經驗和廣泛的人脈，所以這份工作做得很得心應手。大概三個月前，我們部門主管被調到其他分公司去了，總公司給我們新指派了一個主管，當我看到這

Lesson 8　回收帳款──
　　　　　　守好最後一道關卡

個人的時候，我十分震驚，因為新調來的主管看上去不過二十七、八歲，一臉未經世事的樣子，就這樣一個沒有社會歷練的人要當我們的主管？我剛做業務的時候他可能才讀高中而已，不知道總公司的高層在演哪齣戲，難道這個主管的後台不簡單？當時想，遇到這樣的主管，看來以後一切都要靠自己了。

在接下來的三個月，我雖然照常參加部門會議，但對這名主管下達的指示大多是充耳不聞，一開完會，馬上就去做自己的事，其他幾個新來的業務員還去向主管請教問題，為什麼他們不來找我這個資歷深的業務員請教呢？

第一個月，我發現我們的業績向上提升了 4%，可我認為這只是湊巧，但第二個月，部門總業績又成長了 5%，其他業務員都稱讚新主管領導有方，幾個剛來的新業務還成了主管的「小跟班」，對於這件事我很不服氣，也許是運氣好吧，不過我之後在開會時重點聽了一下主管的發言，好像的確有些與眾不同的地方。直到上週第三個月結束，部門業績向上提升了 15%，我對主管的看法才開始慢慢轉變，同時也開始自我反思，這樣年輕的人已在這樣一家大企業擔任業務主管，而我前前後後做了十年的業務，換了無數個地方，不缺銷售經驗，但我為什麼就是沒有晉升機會，還是一名普通業務呢？

Dr. Wang's advice

這位來自台中的朋友你好，很高興你有這樣的警醒，的確，就像你所說的，這位年輕的主管能如此有所作為，一定是有他的不凡之處，而你做了十

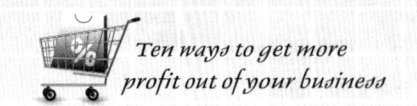

年的銷售，仍是一名普通的業務員也一定有原因，而這些原因都歸根結底在個人身上。根據你所寫的這些情況，我發現了幾個問題，在此提出幾點建議，希望能對你有所幫助：

❶ 別把經驗當能力，要從事實出發

工作時間長可以獲得更多的經驗，但不一定能得到更多的能力，能力是對業務員綜合水準的考核，它來自與時俱進的學習和觀念的更新，不一定會因為經驗和工作時間的增加而增長，相反的，還很容易被經驗所禁錮；經驗這東西確實有用，但經驗不一定是事實，更不一定是準則，很難保證每次都有用。每個客戶都是不一樣的，每筆生意也都有它的不同之處，做銷售先要了解事實，在事實的基礎上結合經驗，千萬不要拿別人或自己的經驗硬套，只有對當時的銷售事實進行分析並做出方案，才是最好的解決之道。在工作中，你可以試著觀察每個客戶的特質、每筆生意的不同，針對性的規劃方案，不再用公式化的方式解決。

❷ 幫客戶發現問題，而不是擴大問題

當我們去修手機時，有些維修人員會把手機的問題說得很嚴重，但對手機有些了解的人都知道，其實問題並沒有那麼嚴重，只是對方想趁機賺多一點利潤，把一個硬幣大小的問題鑿成碗口大小的問題，讓你感覺這個問題必須解決，錢一定要花，甚至感謝修手機的人技術高超。其實這並不是一種高明的技巧，這種技巧誇大了問題，給客戶一種錯誤的解釋，若說得嚴重一些，便是一種欺騙；而真正高明的人，能引導客戶發現問題的嚴重性並深化客戶得到的利益，都是基於事實之上，不帶有任何欺騙性。同樣，給客戶利益不

Lesson 8 回收帳款——
守好最後一道關卡

妨讓客戶自己看到利益，試著換一個角度，從控制客戶轉為引導客戶，讓他們自己發現問題、發現利益、發現價值，而不是降低價格，一味地給客戶折扣和優惠。

❸ 建立人脈不是套近乎

穩固的人脈都不是靠喝酒、吃飯、唱歌建立起來的，就好比酒肉朋友一定難成知心朋友。對業務員來說，穩固的人脈建立在真誠的交往上，不能只是為了從客戶身上賺取利潤，否則很難得到客戶打從心底的信任。所以不要只是和客戶喝酒、吃飯，多了解客戶的困難，並試圖幫助他們解決，相信你能得到更多忠實的客戶。

★ Case analysis ★

這位來自台中的老鳥業務所遇到的問題並不算特例，在此特別說明兩點：

其一，銷售冠軍不是老手，而是高手；業務資歷長的業務員一定是老手，但未必是高手。一些資深業務員所具備的能力，並非來自與時俱進的學習，只是他們在銷售中經歷了一些問題，累積了一些做法，但忽視了本質問題，以至於只對經歷過的情況心中有數，在沒有經歷過的問題面前卻束手無策，一旦類似的問題稍有變化，就不知道如何處理了。所以高手的厲害之處便在於能發現銷售的核心規律，以不變應萬變，即使是沒有經歷過的難題，也能在積極的思考中找到解決之道；當然，這離不開業務員對行業知識及客戶情況、純熟銷售技巧的掌握和敏銳的商業觸覺。

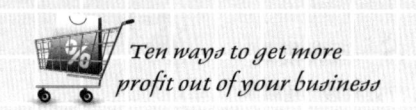

其二，做好銷售不是用蠻力而是借巧力，凡能取得業績第一的人，一定都不是埋頭苦幹的那個，因為他們知道方法比努力更重要。優秀的業務員善於借助巧力助自己成功，消除銷售中的障礙，避免沒有成效的付出，抓住最有效的時間，使用高效的溝通方法，讓銷售在多、快、好、省的情況下成功。

取得高業績的確不是學習銷售技巧那麼簡單，也不是做越久越有發展，它需要業務員與時俱進地成長，這種成長與觀念有關，與經驗無關；只有及時改正觀念，變通思維，做到以不變應萬變，才是常勝之道。

Lesson **8** 回收帳款──
守好最後一道關卡

8-1 做好客戶考核，防範拖款欠帳

　　銷售最終的結果不僅僅是成交，為企業創造出有利潤的營業額，才是業務員應追求的目標。很多時候，業務員會認為只要把產品賣出去，拿到訂單才是最主要的，因而經常在沒有與客戶約定好付款期限及方式的前提下，就盲目地完成交易，最後落得只有營業額，沒有貨款的下場，讓企業的資金周轉產生巨大的壓力。

　　當然，有經驗的業務員知道，催款是一件很不容易又極其浪費時間的事情，客戶也常常編造一些理由，比如：「暫時沒有錢」、「資金周轉不良」、「產品效益沒有回籠」……等來逃避業務員的收款，從而達到拖款欠帳的目的，這時如果業務員做法不恰當，很可能就會破壞與客戶之間的關係。因此，為了防範於未然，我們首要做好的便是客戶的考核工作，盡量避免這種拖款欠帳及帳款回收困難的問題出現。

❶ 掌握好詳實的客戶檔案

　　掌握客戶的檔案資訊，是防範客戶拖欠帳款的基本工作，同時也可以降低應收帳款回款不力的風險。在考核客戶資訊、背景時，首先要做的就是為客戶建立資料檔，掌握並完善客戶的相關資訊。做好這項工作，有助於業務員在催收帳款的過程中，能針對客戶的狀況開展各項活動，把應收

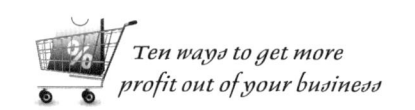

帳款控制在合理的限度之內。因此，在掌握和建立客戶資訊時，業務員要確實掌握好資料。

成交必殺技

- 掌握目標客戶的基本資訊，包括目標客戶自己及企業的實名、企業所在地、企業規模、企業主要負責人等。
- 對於那些不太了解或突然增加訂貨量的客戶，展開進一步調查，包括目標客戶的生產經營狀況是否正常，是否與銀行和其他金融機構存有不合理的風險抵押等等。
- 調查客戶的財務往來，了解其信貸狀況。業務員可以從以下兩方面出發，一是與其他合作廠家合作時，是否出現故意拖欠貨款的情況，二是是否曾經發生過重大商譽問題或跳票過。

❷ 考察客戶的信用及還款能力

業務員對客戶進行信用調查時，可以在一定程度上，把拖帳欠款的數目控制在一定範圍內。業務員不僅要善於借助企業內部對客戶的調查結果，還要巧妙地根據客戶的財務狀況及帳款支付的情況進行常態調查，從而規避收款時的種種風險，但在調查時，要特別注意以下問題。

成交必殺技

- 銀行信用度。
- 是否有拖欠貨款的記錄。
- 其他客戶對該客戶的評價。

Lesson **8** 回收帳款——
守好最後一道關卡

- 客戶手中的現金是否充裕。
- 是否有過為了融資而低價拋售的情況。

❸ 考察客戶的內部經營狀況

很多業務員常常因為催收帳款而愁眉不展，感到無可奈何，其實這都是因為自己的疏忽，沒有事先調查客戶的經營狀況，致使產品雖然賣出去了，但帳款卻遲遲無法回收。因此，我們也應該提醒自己時刻關注客戶的經營狀況，若發現問題，就要積極有所作為，減少帳款回收速度慢或逾期的風險。

一般業務員在對客戶公司內部經營狀況進行調查時，要特別注意以下幾點。

成交必殺技

- 客戶的總體經營狀況。
- 客戶企業內部員工的薪水發放情況。
- 客戶企業是否具有發展前景或競爭力。
- 客戶內部的協調運作狀況。
- 客戶企業的整體銷售狀況。

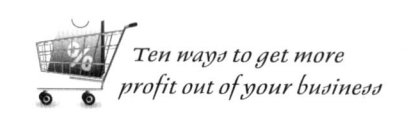

④ 考察客戶與第三方合作的貨款支付情形

除了考察客戶的日常經營狀況外，還要側面了解客戶與第三方合作的貨款支付狀況，作為回收帳款時的參考，以利在出現狀況時能及時補救，找到解決問題的具體方法。

倘若業務員察覺客戶在與他人合作時，出現以下幾種情況，就要加倍謹慎小心。

> **成交必殺技**
>
> - 小額付款很乾脆、爽快，但遇到大金額時卻常常拖泥帶水。
> - 在合約到期付款之日，客戶經常拿「負責人暫時休假」進行無端推諉，浪費第三方大量的時間。
> - 合作廠家欠的數額不大，但卻經常無故要求延遲付款。
> - 一般情況下，欠款數額不大時，也時常出現拖延付款的情形。

如果客戶的欠款問題不是太大，還是可以選擇與其合作，但對於情節較為嚴重的客戶，業務員一定要堅定現金交易的原則，寧可失去這筆生意，也不要冒被賒帳的風險，否則一旦資金收不回來，會給企業帶來難以彌補的損失。

⑤ 聰明識別客戶的藉口

超業們內心都明白，越是長時間拖欠貨款的客戶，在面對催款時，他們的理由就越「合情合理」，但無論客戶提出的理由是真是假，若不能按時還款，那他們所提出的理由一樣站不住腳。對於這點，千萬不要因為自

Lesson 8　回收帳款——
守好最後一道關卡

己的同情心或輕信等原因,而對客戶的藉口一再容忍,這樣不但會讓後續的催款屢屢碰壁,還可能使公司蒙受巨大的損失。

在銷售過程中,會遇到各種形形色色的客戶,即便我們始終秉持「客戶就是上帝」的理念,有些客戶還是經常會陷我們於左右為難之中,包括客戶收到貨物,卻遲遲不肯支付貨款的情況。可見,及早對客戶進行考核,是非常有必要的。

當然,如果客戶存在諸多問題,而你無法解決時,最好上呈給你的主管,共同尋找解決問題的方法,才能避免個人乃至企業蒙受巨大的損失。

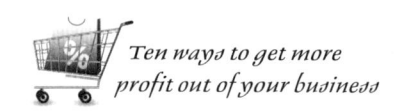

8-2 掌握要領，催款不再得罪人

從事業務工作常常會遇到這樣的情況，客戶雖然做出了成交決定，但卻遲遲不付款，一拖再拖，即使業務員費盡千辛萬苦，甚至把「十八般武藝」都搬上場，結果還是不盡如人意，不是只回收到部分帳款，要不就是「顆粒無收」，這都是大多數業務員寧願去開發客戶，也不願去催收帳款的主要原因。

但有經驗的業務員在催收帳款時，卻還是有辦法做到「百發百中」，這是為什麼呢？其實催收帳款是有技巧可循的，只要掌握好催帳的要領，努力與客戶在付款條件達成協議，那收款就會易如反掌。

① 培養回款意識，化被動為主動

客戶關心的永遠是自己的利益，所以你要明白客戶之所以拖欠帳款，最主要的原因就是希望能分散自己在商業上的風險。但其實很少有客戶能靠拖延付款時間來獲得效益，可他們卻依舊抱著這種「能晚付就晚付、能不付就不付」的僥倖心理。對此，業務員最主要的工作就是讓客戶充分認識到回款的重要性，並主動付款。

在回收帳款的過程中，你要讓客戶了解到，商業以「誠」為本，信譽良好的企業才能在競爭激烈的市場上站穩腳跟，如果客戶能及時回款，那他的企業必然能在市場上獲得良好的信譽。否則，會因為自己拖欠帳款，

Lesson 8 回收帳款——
守好最後一道關卡

導致無法出貨或停止供貨，影響到整個產品供應鏈，甚至是他們自己的客戶，得不償失。

❷ 運用心理戰術，緊抓客戶弱點

在催收帳款的過程中，業務員常常是好話說盡，卻還是無法取得「正果」，遇到這種情況，相信每位業務員都會感到非常頭疼。這時只要你能抓住客戶心理的弱點，便可以順利攻克客戶的心防，盡快實現收款；客戶的這幾種心理，常常是鑄就「堡壘」的地基，只要攻克它們，那客戶自然會主動「投降」。

成交必殺技

- **從眾心理**：這是客戶普遍的心理，有的客戶常常為了保障自己的利益，時刻觀望著別的客戶，只有其他客戶付款，他們才會覺得放心。所以，可以適時地讓客戶意識到只有他們尚未付款，必要時，還可以拿出其他客戶的付款證明，當然也要顧及客戶的個人隱私。

- **圖利心理**：追求利益最大化是商家的目標，可以告訴客戶按時付款的好處，比如可以為他帶來更好的信譽，有助於未來的發展；可以免除一些後顧之憂，讓其他供應商樂於與他合作；提升辦事效率，為自己創造商機，提供更多的時間、空間等。

- **同情心理**：「惻隱之心，人皆有之」，業務員要時刻保持謙卑，懂得向客戶「訴苦」，讓他們知道就是因為他們的不按時付款，才導致你承受了無比的壓力。例如：「我們公司現在因為資金緊張，一度陷入經營危機，請您多多關照」、「如果您一直拖延付款的話，那我們很有可能要面臨被停產的風險，相信您也不願意看到這種場面。所以請您一定要理解我們眼下的困難」等。

- **恐懼心理**：如果在使用種種方法後，仍然沒有效果，可以直接了當地告

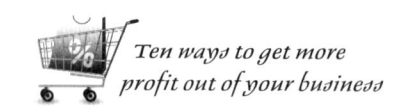

訴客戶：「我們已做出很大的理解與讓步，也盡量配合你們了，但如果實在不能守約，那造成的損失，我們也只能透過法律途徑解決。」讓客戶意識到事情的嚴重性，他們自然就會乖乖付款。

③ 做好客戶服務，降低收款風險

　　雙方簽訂完合約後，業務員千萬不要理所當然地認為可以就此高枕無憂了。銷售這份工作沒你想像得那麼簡單，要知道，客戶從你這裡購買的產品賣不出去，那他又拿什麼來給你回款呢？在交易中，客戶和你的利益是連在一起的，幫助客戶其實也是在幫助你自己，只有客戶的資金運作正常，你才能順利收到款項。

　　所以，為了保障自己能確實收款，業務員就要把售前、售中、售後的工作做好，這樣才能減低收款風險。

　　在銷售前，要充分了解客戶的具體需求為何，建議適合他們購買的產品，真誠並盡力滿足客戶的要求；銷售過程中，要積極為客戶解決各方面的問題，使客戶減少一些不必要的損失；合約簽訂後，更要積極兌現自己的承諾，無論是產品還是服務方面。另外，還要做好售後服務，定期電話追蹤或是上門回訪，為客戶排憂解難，只有這樣，才能有效免除客戶的後顧之憂，拉高滿意度，實現及時回款的目的。

　　針對及時、有效的催收帳款問題，的確讓業務員感到棘手。因為處理不好，勢必會破壞自己乃至企業與客戶的關係，帶來不必要的損失，而處理得當，就能保證雙方利益，達到雙贏。

Lesson 8 回收帳款──
守好最後一道關卡

8-3 關注時效性，提升收款效率

在現今這個「快魚吃慢魚」的時代，唯有「速度」才是取勝關鍵。在收款的過程中，如果業務員沒有時間觀念，不懂得抓準時機，展開有效的催款工作，最終恐怕只會陷入「催款」的泥沼中無法自拔。

有些業務員對於收款的時效問題不以為然，認為收款是一件需要軟磨硬泡、「馬拉松式」的工作，只要能將貨款收回來就好，並不會有多大的影響。客戶的付款習慣可說是業務員養成的，若業務員對客戶縱容，就是在變相鼓勵它，如果你不如期催款，或未盡力追款，客戶當然能拖則拖，對他們來說，拖一天是一天，對自己也沒什麼壞處。但對業務員來說就不一樣了，如果不關注時效，過早去收款，可能引起客戶的反感，甚至引發退貨危機；而過了時效才去收款，可能會讓自己回款不及時，給客戶拖款的藉口，導致壞帳、呆帳的產生。這樣不僅浪費自己的時間，影響工作進度，企業也會因為資金周轉問題，而不能開發新產品、新市場，貽誤公司的發展；因此，掌握好收款時效，才能從根源上消除客戶拖欠帳款的藉口，實際做法如下。

❶ 明確回款時限

若想實現有效回款，就要對自己每筆訂單的收款時間了然於胸、一清

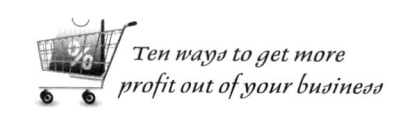

二楚，因為絕大多數的壞帳、死帳，都是因業務員一時的疏忽，過了收款期限而造成。

一項收款的調查表明：逾期三個月以內的帳款，追收成功率在80％左右；而三～六個月之內未結的帳款回收成功率在60％左右；而拖欠一年以上的帳款，回收的成功率就更低，甚至成為呆帳。所以，一定要根據收款期限的難易程度，採取有效的方式開展帳款的回收工作，回收的方式有以下兩種。

◉ **定期回款**：可以選定一定的時間向客戶收款，並事前提醒客戶，請客戶先備好款項，例如月初或月末，這樣既減輕了客戶的負擔，又能節約自己的時間，提高收款效率。

◉ **不定期收款**：不定時上門收款，會讓客戶感受到業務員的決心，從而順利回款。

❷ 抓住客戶付款的週期

當業務員利用電話或親自登門收款時，大多數的客戶總會以「還沒到公司的付款日／期」為由，將業務員拒之門外。這時業務員就應該「坐以待斃」，等待客戶所謂的「付款日／期」嗎？要知道，如果回款不及時，有可能使企業面臨帳務危機；因此，當客戶以「付款日」為由時，你千萬不要因此便輕易放棄，要主動行動起來，確實調查客戶公司的付款日。

當然，有的企業確實存在這種「在每個月的某日固定付款」的規定，但對於想拖延帳款問題的客戶，「未到付款日」便是他們用來拖延帳款的權宜之計，所以業務員必須掌握好以下重點，提高自己的收款效率。

Lesson **8** 回收帳款──
守好最後一道關卡

成交必殺技

- 調查客戶所謂的「付款日」是否屬實。如果調查結果屬實,那接下來的工作就是了解客戶公司固定的付款日;倘若發現根本就不存在「付款日」,回款還極為靈活、彈性,那你就要採取相應的措施,來制止客戶這種拖欠帳款的緩兵之計。
- 掌握客戶真實的付款週期。如果客戶企業真的有所謂「付款日」,那業務員就要利用各種有效的手段,例如與客戶合作過的第三方詢問等,確實掌握客戶的付款日/期。
- 制定收款計畫。具體掌握客戶的付款日期後,就要根據客戶的週期來進行催款,由於自己已依客戶的規定請款,那客戶也就沒有拖延還款的藉口,必須履行付款約定。

❸ 慎選時機,收款更有效

為了能提高收款效率,高效率地完成催款任務,業務員必須選擇恰當的時機。一般情況下,能否選擇恰當的時機,主動出擊,是決定催款任務能否效率化的關鍵。

有的業務員常常在收款時啞巴吃黃蓮,導致事倍功半,好比登門拜訪時,客戶工作繁忙;電話催款時,客戶正在開會……屢屢碰壁,因而懊惱不已,之所以這樣,最大的原因就是沒有選好催款的時機。

❹ 收款也要先發制人

優秀的業務員在實際的收款行動中,常常會巧妙地配合與客戶的時間

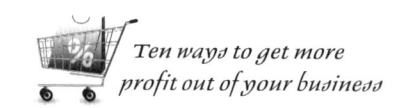

差，絕不會在客戶不方便的時間前去收款，從而「先發制人」，讓客戶無話可說，順利收回帳款。

成交必殺技

- 了解客戶與哪家銀行合作，然後著重調查該家銀行的具體結帳時間，確保自己在銀行結帳前順利拿到帳款。

- 掌握客戶公司的付款週期，並在此前做好充分準備。同時，做好客戶的溝通工作，千萬不要錯過這段時間，要把握時機。

- 在相關負責人離開之前抵達。欠款客戶常常以「相關負責人已經離開」為由來拒絕付款，為此，你要私下了解客戶的作息時間，在客戶離開之前將客戶「堵在門內」，成功收款。

- 要「敢為人先」。有時客戶會同時拖欠好幾家企業的帳款，你得及時追討，若後知後覺，那結果可想而知，必定是令你失望至極。

Lesson **8** 回收帳款——
守好最後一道關卡

8-4 主動請款的注意事項

　　人人都說:「商場如戰場。」銷售就是一場無硝煙的戰爭,在戰爭中,只要你稍有遲疑,對手就會搶先一步下手,贏得勝利;而在回收帳款中,業務員也應該「先下手為強」,這樣才不會平白浪費寶貴的時間。

　　那應該採用哪種方式贏得收款的勝利呢?上門催收就是最明智的做法。為什麼呢?因為親自上門催款,不僅可以與客戶展開更深入、更全面的溝通,減少彼此之間的誤會,還能在聊天的過程中,獲取更多的第一手資訊,充分了解客戶拖款的主因,進而採取有效的催收策略;另外,上門收款能讓客戶感受到壓力,無法再對你置之不理。

　　但話又說回來,業務員是面對面地與客戶交流,進而催款,所以只要在心理或態度方面稍有不慎,就可能無功而返;在此提醒大家,若採用上門收款的方式,一定要留意以下幾點。

❶ 事先預約

　　業務員在上門拜訪前,一定要事先通知客戶上門拜訪的具體時間,並且確認收款的時間和金額,讓客戶提前做好準備與申請款項。但有些業務員心中會存有這樣的疑慮:如果我先通知客戶要上門收款,那客戶為了逃避,一定會避而不見,那收款的目的不就泡湯了嗎?所以他們總選擇不提

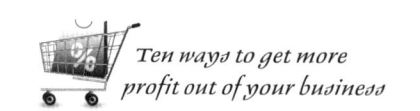

前通知對方，就貿然前去收款，結果耽誤客戶的工作，引起反感，弄巧成拙。所以，一定要事先給客戶打好「預防針」，只有「預防」得好，才能「藥到病除」，成功收款。

❷ 催款也要做好準備

「工欲善其事，必先利其器」，說的就是在做任何事之前，都要做好準備，這樣才有實現勝利的可能。因此，在開展催款工作時，要及時做好萬全的準備。

成交必殺技

- 做好心理準備，要知道催款不僅是行為、語言方面的較量，更是雙方心態的較量。業務員一定要做好催款的心理準備，即使失敗，也要抓住一根救命稻草，取得客戶付款的正面答覆或憑據。

- 準備好催款的相關文件，包括銷售單據、發票、對帳單等，大致的談話步驟也要一併思考。催款是一件很棘手的事情，若要面對客戶更是難上加難，稍有不慎，就會前功盡棄；因此，在上門收款前，最好整理一下你的思路，準備好自己的用詞及收款策略，才能見招拆招。

- 計算好應收帳款的具體數目，防止客戶以帳目不清楚為由，拒絕付款。業務員要清楚列出帳款的條目，讓客戶一目了然，否則，不僅影響自己在客戶心中的形象，還會替自己及企業帶來不必要的麻煩。

❸ 「門」不同，收款方式也不能千篇一律

業務員上「門」回收帳款，「門」具體是指什麼呢？客戶的家裡？辦

Lesson **8** 回收帳款──
守好最後一道關卡

公室？抑或是休閒場所？回答都正確，但收款的場合不僅僅局限於此，它更包括一些客戶經常去的休閒場所等，這些地方也不容小覷，因為不同的場合，採取相對合適的催款方式常常是決定收款成敗的關鍵。

千萬不要不分場合地將一種收款技巧用到底，當你千篇一律、落入俗套的時候，有可能就這樣將大好的收款時機白白浪費掉。

成交必殺技

- 客戶的辦公地點。這裡常常存在著一種公事公辦的氣氛，業務員可以開門見山，直接向客戶提出收款的請求，同時可以在恰當的時機，向客戶提及按時還款的好處。
- 客戶的家中。家通常會給人一種溫馨的氣氛，如果去客戶家中催款，那就要採用以情感人，以理服人的方式，增強客戶的好感。
- 雙方事先約定的地點。最好請一位或是幾位適合參與催款現場的人，一來避嫌，二來可以藉由增加影響力來減少收款的難度。
- 不期而遇的場合。業務員可先與客戶寒暄幾句，詢問產品的狀況，然後再伺機反應，提及收款的事宜。

❹ 時刻注意欠債客戶的工作規劃

從一定程度上來說，上門收款是一種非常有效的催款方式，但它也有些不便之處，因為客戶也有自己的工作必須處理，業務員登門收款很有可能會打擾到對方。所以，要盡可能在不影響客戶工作的前提下完成任務。

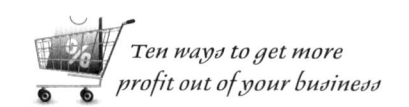

成交必殺技

- 事先展開調查,側面打聽客戶的工作安排,盡量選在客戶工作較不忙的時段進行拜訪。

- 如果打擾到客戶工作,要先向客戶道歉,安撫他們不悅的情緒。

- 如果客戶表明自己手邊有重要的工作必須處理,結束後才能與你處理付款的事宜,那不妨耐心地等待。要知道,你等待的時間越長,客戶感覺到你收款的決心就越大,那他同意付款的希望就越高。

- 客戶若不急於處理手邊的瑣碎工作,那業務員可以視而不見,直接向對方表明來意,展現自己收款的決心與急迫性。

❺ 不要與客戶發生爭執

　　當業務員上門催款時,即使客戶對於產品的一些小缺點發牢騷時,你也不要與客戶爭辯。因為客戶對已購買的產品存在疑慮是非常正常的事情。此時你要做的就是給予客戶一定的理解,並盡力消除他們心中的芥蒂,及早打消對方拖延付款的目的。

　　總之,上門催收帳款是一把雙刃刃,存在有利的一面,同樣也會產生一定的弊端。因此,我們應該在登門之前就先權衡利弊,一方面做到讓客戶沒有拖延付款的藉口,另一方面也要靈活運用催帳的技巧,有效率地收款,將帳款早日入袋為安。

Lesson **8** 回收帳款——
守好最後一道關卡

8-5 妙用借力,順利收回款項

在催收帳款時,新手業務員常會對拖欠貨款的客戶「打破砂鍋問到底」,消耗大量的精力與時間,結果還是無功而返。那應該怎麼做,才能讓收款效果化難為易呢?很簡單,當「內部矛盾」解決無效的時候,我們要巧用外部矛盾,即換種方式思考,巧借第三方來實現收款。

❶ 利用客戶周遭的人

在回收貨款的過程中,有時可以明顯感覺到欠款客戶之間有一種「團結向內,一致對外」的氣勢,讓業務員無從下手,最後只得半路打「退堂鼓」,但其實那只是表面看似如此,內部可能是一盤散沙,有經驗的業務便常常利用這點,來達到收款的目的;所以,我們可以試著打入客戶的「大後方」,找到可能的「線人」,進而成功收回貨款。

值得業務員特別注意的是,在利用客戶周遭的人進行收款工作時,一定要考慮得更為縝密,想得更為多元、周全,防止不利的局面發生。

成交必殺技

◉「目標線人」選擇好,收款才能更有效。「線人」一定要誠實可信,最好有充分的訊息來源,或是對客戶有一定影響力的人。

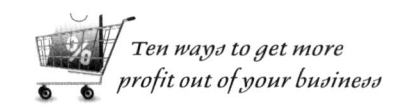

- 顧及「線人」的安全，收款才能順利。要特別注意，在欠款客戶面前不能暴露他們的身分，在自己同事或朋友身邊同樣不能提及此事，小心「隔牆有耳」。

- 確定線人目標，自己單純做收帳人。線人要時刻圍繞著「收款」這個目標前進，及時提供業務員所需的客戶情報。當然，前提條件是不能要求「線人」提供商業機密等違背職業道德的要求，以及關於客戶的私人資訊等。

❷ 利用專業機構協助收款

有的客戶非常難纏，讓業務員不勝其擾，但隨著專業收帳機構的出現，大大改變了這種難收款的局面。利用專業的收款機構，一方面可降低收款難度，有效提高業務員的工作效率，又可以降低企業內耗；但催款的專業機構多如牛毛，在選擇催款機構時一定要多加注意。

成交必殺技

- 為了減少一些不必要的麻煩出現，避免增加收款成本，要選擇一些資質、信譽度較高的合法專業機構。

- 委託專業機構進行催帳時，一定要明確雙方的權責關係，避免事後不必要的糾紛。

- 加強對專業機構的監控，隨時了解帳款回收的情況，並確保其在一定的法律、法規中行事。

Lesson **8** 回收帳款——
守好最後一道關卡

③ 利用媒體來實現收款

眾所周知,現實生活中資訊的來源,無一不是經過媒體傳播,所以面對長期惡意欠款的客戶,業務員可以巧借媒體的影響力,來達到催款的目的。那該怎麼做呢?就是將客戶惡意欠款的問題經媒體傳播出去,從而達到震懾客戶的目的。

由於媒體的影響力非常廣泛,常常涉及客戶的信譽、形象等,所以在採用此法時,一定要謹慎,若非必要,應盡量避免。

成交必殺技

- 媒體曝光只適合那種長期欠款,金額較大,情節較為嚴重且態度惡劣的客戶。
- 一定要保證自己提供的資訊真實可靠,同時要在媒體面前注意形象,才不會得不償失。
- 如果業務員證據確鑿,那就要盡可能選擇那些影響力較大的媒體,媒體的影響力越大,就會讓客戶的壓力越大,提高回款機率。

④ 利用法律機構保障回款

如果用盡了所有的方法之後,客戶還是無動於衷,那為了維護自身的利益,就要積極拿起法律武器來討回貨款。雖然這種方式的花費較高,且可能導致彼此的關係破裂,但如果客戶不回款,一味拖欠,對企業造成的損失是無法估量的。因此,為了自己及企業的利益,我們就要積極站起來維護權益。

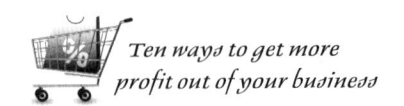

成交必殺技

- 法律是無情的,它始終把證據作為裁決的依據,所以業務員要盡可能提供詳實的債務合約、相關資料等,打官司才有勝算。

- 如果客戶的欠款態度極其惡劣,業務員已決定用法律來維權的話,就要盡量在短時間內解決,才能把損失降到最低。

- 如果透過法律調解或判決生效之後,客戶依舊繼續拖欠帳款,就應該在時效限定的範圍內,請求法院執行或強制執行客戶履行還款義務。

Lesson **8** 回收帳款──
守好最後一道關卡

銷售加分題

說服客戶最有效的二十個黃金法則

❶. 請具體且完整地對客戶說明產品優點，不要只是用「好」來形容。

❷. 告訴客戶事情的重點，不要囉囉嗦嗦地說些沒用的。

❸. 告訴客戶實情，不用總說「我們最講誠信，不會騙您」，那樣只會讓客戶更緊張。

❹. 客戶希望與有職業道德的業務員打交道，而不是說一套、做一套的業務員。

❺. 當客戶問起價格時，就要直言告訴客戶，不要玩「躲貓貓」。

❻. 你說自己的產品優秀，價格合理，那就證明給客戶看。

❼. 客戶不是產品專家，所以見解難免會有偏差，即便如此，也不要和客戶爭辯。

❽. 客戶說話的時候，要注意傾聽，不要沒有禮貌地插話、打斷。

❾. 當客戶對產品沒興趣時，就不要在客戶耳邊喋喋不休地提產品，甚至持續向客戶施壓。

❿. 不要說客戶購買的產品不好，更不要說客戶錯了。

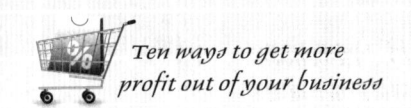

⑪．凡事要誠實、守信，如果你欺騙了客戶，不光客戶不會購買你的產品，他還會告訴親朋好友不要上當。

⑫．不要把客戶搞糊塗，更不要讓客戶覺得你這樣做是有意的。

⑬．當客戶猶豫時，催促只會讓客戶更往放棄購買的方向走。

⑭．無論何時，都不要用瞧不起的語氣和客戶談話。

⑮．一再貶低競爭對手，只會讓客戶覺得你很小氣。

⑯．多跟客戶講一些購買的好處，而不是產品特點。

⑰．客戶不願意與冷若冰霜的人相處。

⑱．你是產品銷售員，當客戶問到相關知識時，千萬不能跟客戶說「不知道」。

⑲．讓客戶覺得自己與眾不同，他們會很高興。

⑳．不要在客戶購買前熱情似火，購買後卻冷若冰霜。

Lesson **8** 回收帳款——
守好最後一道關卡

銷售充電站

在客戶落跑前結清帳款

　　收回帳款,是很多業務員都相當頭疼的一件事。有時候,面對「頑固」的客戶,縱使業務員用上「十八般武藝」,客戶依舊是我行我素,不還款就是不還款,著實令人感到無奈。

　　但收款這件事,對任職於 H 出版集團的王凱義來說,卻是一件極其容易,甚至是不費吹灰之力的事情。真的這麼神奇嗎?當然,他可是回收帳款的專家,更被公司內部員工稱為「神算子」、「小諸葛」。他最讓人佩服的記錄就是同時有八家公司上門向客戶收款,但只有他順利收到款項,這究竟是怎麼一回事?看完以下的案例,相信你就會徹底被王凱義那過人的能力折服。

　　H 出版社已經成立很多年了,因出版品多元且題材新穎,發展前景相當看好,但隨著市場發展的競爭日益激烈化,H 公司也感受到前所未有的壓力,為了爭取更多的舖貨通路,H 公司對新舊客戶推行不同程度的賒銷制度,讓其他競爭對手紛紛效仿。漸漸地,賒銷成風,有的客戶竟然公然要求增加賒銷比例,甚至是全部賒銷,讓 H 公司感到相當無奈。而公司業務員又為了贏取更好的業績、較高的紅利獎金,常常在沒有了解客戶的信用狀況、付款能力的情況下,就貿然與客戶簽訂合約,以至於公司陷入財務危機,資金周轉緊張,出現大量的呆帳,讓公司陷入銷售與回款的兩難境地;但這時王凱義卻乘著這個機會,嶄露頭角。

在與H公司合作的眾多客戶中，有位大客戶欠公司一筆巨額費用，只要這筆費用能要回來，就可以支援公司暫時度過難關。這位客戶他成立了一家書店，同時與各間出版社合作，專門從事書籍銷售的工作，期間競爭對手公司多次派人討要，但客戶不是以「圖書市場不好，自己也缺乏資金」、「等我的客戶欠的帳款一收回，我立即付款」為由，不然就是以「你們送貨不及時，讓我錯失幾筆生意」或是「現在書都還沒賣出去，就急著催款，我拿什麼付錢？要不，你們把架上的書撤下來吧！」等理由進行「恐嚇」，讓各家出版社不得不「忍受」這名客戶的拖欠。

就這樣過了幾個月，誰知這位客戶竟然轉行做起了服裝生意，這讓原先合作的出版社頓時慌了神，趕緊一而再，再而三地追討欠款。不料，客戶更有理由了：「對不起呀，你們還要再緩一緩。由於圖書生意不好做，大量圖書滯銷。你們看，我現在改行賣衣服了，剛把資金都投入服裝事業，現在要我付貨款實在是無能為力。」

但出版社哪能服氣，一直追討，最後客戶逼急了，直接叫囂：「你們看著辦吧！我就是沒錢，要不你們把書拿回去，不然就從我這裡拿一些服裝走，反正我現在沒錢給你們。」無奈之下，最後有些出版社乾脆拿回自己的書籍，有的還真的拿了一大堆的衣服回去「覆命」。

那王凱義呢？他是唯一在這名客戶轉行之前，就成功收回貨款的人，而且對方還是全額付清。知道他是怎樣辦到的嗎？原來，王凱義進入業務這一行後，養成了一個良好的習慣──建立客戶各別的檔案夾，裡面記載了很多客戶的相關資訊，包括住處、聯絡電話、家庭狀況、職業、興趣愛好等各方面的資訊；且在與這位客戶合作時，王凱義還了解到這位客戶與很多出版社都有合作，他開的書店更是門庭若

Lesson 8 回收帳款——
守好最後一道關卡

市、生意興隆,與這樣的客戶合作,資金方面基本上不會出現太大的問題。但由於公司實行賒銷制度,所以對這種大客戶更是得多加小心,王凱義進一步了解這位客戶,看客戶在與其他出版社合作時,貨款支付狀況都還算及時,也就漸漸放下心來。

在雙方合作期間,業務進展的都很順利,並沒有出現什麼大的漏洞,就這樣持續合作了一年,但王凱義在更新客戶資料時,發現這名客戶最近幾個月一直拖欠帳款,訂貨量也減少許多,王凱義頓時心生疑惑,準備調查個究竟。

王凱義先到客戶的店面進行考察,發現架上的書籍都不是近期的,也沒有什麼暢銷書、重點書之類的,店裡的讀者更是三三兩兩。王凱義趕緊將這些情況上報給公司,請公司提前開據收款,但客戶百般推脫,以各種理由拒絕了。這讓王凱義更加憂心,於是密切關注、追蹤客戶的情況,不料發現客戶與一家品牌服飾公司的老闆往來密切。難道客戶是想拓展生意?還是要轉行?但不管如何,這對自己的回款都是極其不利的,因為客戶無論做出哪一種選擇,都會將資金投入到新的事業中,又怎麼會有多餘的錢來付帳款呢?

王凱義心裡十分清楚,與這位客戶合作的不只有自己一家出版社,如果自己行動晚了,恐怕會被其他競爭對手捷足先登。於是,王凱義暗中找這位客戶收帳,但這位客戶也在商場打滾多年,要成功向他收帳款也不太容易,面對王凱義的上門催款,客戶是百般推辭,老是找理由推脫,但王凱義堅決不放棄,與客戶鬥智,告訴客戶自己公司經濟困難,客戶的態度也漸漸放軟,可是依舊沒有要還款的意思。之後,王凱義又接二連三地「拜訪」了客戶好多次,最後甚至是將自己調查的結果,與之前整理的客戶資料等一併拿出來,警告客戶如果不及時

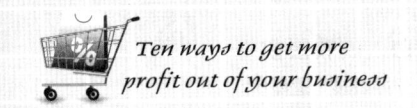

還款，公司就只能訴諸於法律途徑。就這樣，在軟硬兼施之下，客戶終於將積欠的款項一併還清。

也正是因為王凱義及時收回欠款，讓公司得以絕處逢生，因而受到老闆的嘉獎，晉升為業務經理。王凱義收回公司的帳款，讓公司逃過了一劫，那從王凱義收款的過程中，可以得到什麼啟示呢？

銷售無難事，只怕有心人。王凱義從每一件小事做起：建立客戶檔案，及時發現問題，深入了解問題，設法解決問題，這都是業務員不能忽視的地方；且銷售並不是客戶簽單就可以了，真正收到錢，你的銷售才算告一段落。也正是因為王凱義對工作極其負責的態度，才能趕在客戶轉行之前，趕在競爭對手的前面收回帳款，王凱義可說是當之無愧的「小諸葛」、「神算子」。

王凱義的收款過程歷盡千辛萬苦、煞費苦心，那同樣身為業務員的你，能從他身上學到什麼呢？

❶ 細心──客戶資料建檔不容忽視

客戶檔案是了解客戶的首要依據，也是業務員開發客戶的重要腳本。只有全面、深入地了解客戶，業務員才能確實針對客戶需求，銷售產品，開展各種銷售活動，將應收帳款控制在一定合理的範圍之內，為自己的收款做好風險控管。

❷ 追蹤、追蹤、再追蹤

王凱義建立客戶檔案後，並不是擺著好看，而是在一定的期間及時進行

Lesson 8 回收帳款——
守好最後一道關卡

更新、查看；發現問題後，也並非袖手旁觀，要及時進行跟蹤、追查，了解情況，最後才得以趕在競爭對手之前收回全部帳款。

當然，在銷售中，業務員一定要累積經驗，及時了解客戶情況，定期對客戶進行考察，及時發現問題，這樣才能在意外發生之前，進行補救。

❸ 抓住客戶的「軟肋」

每個人都一定有弱點，客戶也是一樣。在現實生活中，只要抓住人的弱點，那往往不費吹灰之力就可以「一招致命」，業務員完全可以借助於這種方法實現成交。案例中的王凱義就是抓住客戶的恐懼和同情心理，軟硬兼施，成功將帳款收入囊中。

但在利用這種方法的時候，業務員一定要事先了解客戶的弱點，才能根據客戶的軟肋下手，方法才會有效。

Lesson 9

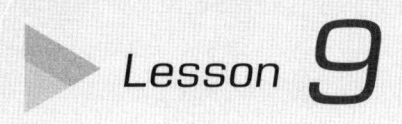

管理能力

Ten ways to get more
profit out of
your business

業績是「管理」出來的

Ten ways to get more profit out of your business

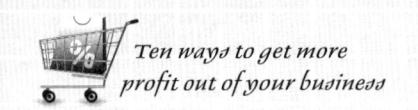

銷售諮詢室

碰上慣老闆，我該怎麼辦？

★ Requesting for help ★

王老師您好！

非常榮幸能有機會透過電子郵件與您交流。我是您的忠實讀者，購買過您幾本有關銷售的書，我把書中提到的銷售技巧應用在工作中，效果非常好，業績因此成長了不少。但現在我遇到一個銷售技巧外的問題，不知道您是否能幫助我解答這個疑惑。

我今年三十歲，在一家電子零件公司做業務員，雖然有過兩年銷售經驗，但因為學歷不高，還是得從基層一步步做起，而我任職的這家公司規模較小，我們的老闆兼任業務經理，底下有十多位業務員。老闆年齡比我大不了幾歲，去年才開始接觸銷售，只是學歷高些，靠家裡給的資金創立了這家公司，除了我之外，招來的業務員也大多沒什麼經驗，所以我便成了公司倚重的業務員。說是這樣說，但在我看來，老闆不過是想從我身上賺取更多的利益。

我們賣的零件都是一些雜牌，在市場沒什麼影響力，完全要靠業務員勤跑客戶，積極和客戶溝通，這一點老闆並不擅長，反倒是我這樣的窮小子吃苦慣了，不管是颱風下雨、起早趕晚，只要老闆一道命令，我就得出去。因為懂得一些銷售技巧，即便是我們這樣雜牌的零件，我還是給公司拉來了幾個較大的客戶，上個月還有兩間公司希望與我們長期合作，但他們希望價格能再優惠一點。當我把客戶的要求

Lesson 9 管理能力——
業績是「管理」出來的

告訴老闆時，老闆不同意，我也就不好再多說什麼，對客戶那邊我也不知道如何答覆。因為降價向來不是老闆的作風，就連我們的薪資感覺也是老闆從牙縫裡硬摳出來的，只要想到辦法能少給我們些，絕對是能少則少，不會多給；即便承諾給客戶優惠，他也會在最後時刻告訴對方他記錯了或是裝糊塗。

但讓我意想不到的是，這個月初他告訴我那兩個希望長期合作的客戶搞定了。我問他是怎麼辦到的，他竟然說他給對方降價了，但不是不能降價嗎？為什麼又降了？這樣一來，我的獎金就落空了，因為合約是他簽的。

面對這樣的老闆，我真的不知道該說什麼，現在連上班都沒有什麼勁了，我不知道我在老闆眼中到底扮演了什麼角色。王老師，碰上這樣的老闆我該怎麼辦？能否給我一些建議呢？謝謝！

Dr. Wang's advice

你好，看了你的來信，看得出你是一個肯吃苦也很上進的業務員，這叫是成為一個超級業務員必須具備的素質。你現在遇到的問題，的確在一定程度上影響到你，在此我提出以下幾點建議。

① 不為薪水，只為累積更多客戶

對業務員來說，良好的客戶資源比一時的業績更重要。雖然你對目前的薪水很不滿意，但客觀來看，你在公司裡扮演著挑大樑的角色；雖然老闆的做法有時讓你很不認同，但畢竟你獲得了一個可以自由發揮的空間，如果能

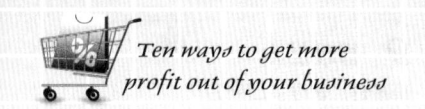

抓住這個機運，多累積些客戶資源和歷練，對你今後的發展定有很大的幫助。

❷ 果斷跳槽，給自己更廣闊的發展空間

如果認為實在沒有再待下去的必要，也可以考慮換工作。因為你很努力，理應得到更好的發展空間和更合理的待遇，但選擇公司時一定要慎重，別家公司的老闆也不一定會像你想得那樣美好，類似的遭遇也並非只有你一人經歷過，所以你可以先慢慢找，等時機成熟了再跳槽。

❸ 和老闆好好談一談，不管是走是留，都不要和他撕破臉

不管是走是留，得罪老闆都不是一件好事，千萬不要說出「大不了不做了」這樣的話，要盡量和老闆搞好關係，找個時間和他好好談談，這樣你留下來的話，也有利於你的工作；即使你離開公司，也是完結了一個善緣，難保以後不會再遇上他。和氣才能生財，這個道理不論到哪裡都行得通。

★ Case analysis ★

這位年輕小伙子遇到的問題，相信有不少業務員在剛從事銷售時，可能都曾遇到過，這是必然的職場經歷，對此業務員不應該抱怨，反而要理清思路，調整心態，學會自我管理。此外，針對公司的選擇，我還有兩點要補充。

其一，跟對人才能做對事。在剛進入這個領域時，我們往往比較迷惘，如果要找到一套自我管理的方法，至少要經歷三到五年的實踐和歷練，期間還要走很多彎路。但如果能有一個好的主管或老闆，就

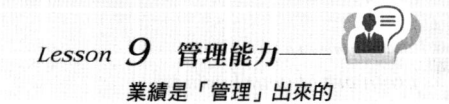

Lesson 9　管理能力——
業績是「管理」出來的

　　好比航船找到了燈塔，業務員不僅能節省不少時間和精力，還能盡快實現自己的目標，發揮個人潛能；所以業務員要跟對主管，找到對自己發展有助力的貴人。

　　其二，業務員所在的公司將影響著他日後的個人發展。一個好的公司才能讓業務員更快實現自我成長，而且並不是大公司就好，公司要有好的文化氛圍，人與人之間關係和諧，管理透明，這樣業務員才能全力以赴地做好本職工作，創造高業績。

　　像這位年輕的業務員，非常有成為銷售冠軍的潛質，但如果對公司和主管的影響處理不當，反而會影響自身的發展，還會在人際關係埋下隱患。所以業務員不能只注意銷售，也需全方位的發展，這樣你才有機會贏得「冠軍」的桂冠。

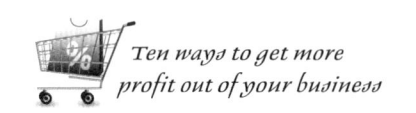

9-1 情緒管理：我的情緒我做主

每個人都希望自己的生活、工作能一帆風順、暢通無阻，但現實往往不盡如人意，我們也常常會遇到讓自己不順心的事情，這時難免會產生負面情緒。通常我們會有這樣的感覺，當心情高興、愉悅的時候，辦事效率就會相應得到提升；反之，難過的時候，無論做任何事都無精打采，效率十分低迷，也可能影響到個人的人際關係。

在銷售中也是如此，就連投資大師巴菲特（Warren Buffett）在總結自己成功的原因時也說：「我的成功不是因為高智商，而是對情緒和理性的控制力。」所以，能否管理好自己的情緒，是直接影響到成功銷售的關鍵因素。

可是業務員，特別是一些年輕的業務員，在面對生活中的挫折時，往往不能正面面對，無法控制好自己的情緒，就這樣任由其發展，甚至將不良的情緒帶到工作中，最後不僅沒能留住客戶，還得罪了自己的「上帝」，換來得不償失的後果。

可見，要想成為一名優秀的業務員，就必須在關鍵時刻管理好自己的情緒，用好情緒帶動客戶，這樣才能順利成交。從銷售心理學角度來看，業務員需要做到以下幾方面。

Lesson 9 管理能力──
業績是「管理」出來的

❶ 正面面對挫折

對於一些沒有經驗的業務員來說,他們害怕失敗,急於求成,希望盡快得到主管的認可,這種心情可以理解。但「人非聖賢,孰能無過」,對他們來說,在工作中犯錯誤是不可原諒的,當他們犯錯後,會因挫敗而產生不良情緒,進而怨天尤人,導致工作無法正常進行,慢慢地,就形成了一種惡性循環。

為了能在工作上取得成功,首先就要學會面對生活中一切的不如意,在遭遇挫折和困難時,要放開心胸,及時展望自己長遠的目標,只有這樣,你在遭遇失敗時,才能從容、自然地面對。

成交必殺技

- 當你覺得心情不好,無法解脫的時候,不妨向自己的家人或好友傾訴。透過傾訴及他人的勸解,不良情緒就會慢慢煙消雲散。
- 情緒緊張的時候,可以適度地休息,例如:深呼吸、泡個澡、舒爽地睡上一覺等,讓自己感到放鬆、愉快。
- 積極參加一些有意義的活動,比如:慢跑、瑜伽、聽音樂、參加講座、讀書會等。當然,如果愛好寫文章,可以把自己的情緒宣洩在文章中;而要想不被情緒牽絆,那就在成交或失敗之後,隨時檢視自己的心態,做到早、中、晚三次的調整。

❷ 用熱情感染情緒

情緒是會被傳染的,客戶總喜歡和能改變他們心情的人打交道。因此,要想讓客戶喜歡你,願意與你談生意,你首要學會的便是調動客戶的

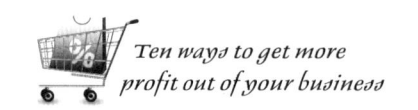

情緒；而調動客戶情緒的不二法寶就是先管理好自己的情緒，讓自己時刻充滿熱情與活力。

熱情是一種對於生活、工作的積極態度，它能使悲觀的人變得樂觀，自卑的人變得自信，而它同樣也能激發你的潛能。世界頂尖保險業務員法蘭克．貝特格（Frank Bettger）曾說過：「我一直深信熱情是銷售成功最大的要素，也是唯一的要素。」是的，沒有誰會拒絕一個滿懷熱情的人，客戶更不會如此。

③ 用聲音點燃情緒

做銷售，勢必得與客戶進行交談，無論是電話約見，還是直接拜訪，你的談吐都會影響到客戶對你的第一印象，而好口才的關鍵因素在於聲音是否有魅力、能否感染人。試想，如果致電給客戶時，你的聲音含糊不清，冷冷冰冰，那客戶絕對沒有耐心聆聽下去，所以，業務員要鍛鍊聲音的感染力，以此來點燃客戶的熱情。

成交必殺技

- 在收聽電視節目或是廣播的時候，不妨跟著主持人的說話方式練習。
- 朗讀書刊、雜誌上的對話，並投入感情，讓聲音充滿熱情。
- 對於性急的客戶，說話可以適當地加快速度；對於性格較愚鈍的客戶，說話速度則要慢下來，等待客戶的點頭回應，說話盡量和客戶的語速保持一致。
- 與客戶交談時，若情況允許的話，可以把自己的聲音錄下來，然後反覆播放，找到合適的音量大小，慢慢練習。

Lesson **9**　管理能力──
業績是「管理」出來的

❹ 找回工作的熱情

在剛開始從事業務工作的時候，由於接觸的都是新鮮事物，沒有任何經驗可循，情緒容易亢奮，對工作也充滿著熱情，但隨著時間流逝，我們對所接觸的事物慢慢瞭若指掌，原先那份熱情也就消退了，就像五杯糖水擺在你面前，你喝到第五杯的時候，猶如在喝白開水，感覺不到甜。

所以，為了消除這種疲乏、發懶的情緒，你應該積極重拾當初的衝勁，讓你的「巔峰體驗」再次出現。

雖然情緒是與生俱來的，但恰當地管理好自己的情緒，卻是後天學習的結果。在競爭加劇、壓力倍增的環境下，我們一定要學會坦然面對自己的情緒，從而駕馭它，只有管理好自己的情緒，你才能在人際交往中如魚得水；只有管理好自己的情緒，你才能在銷售工作中順風順水。

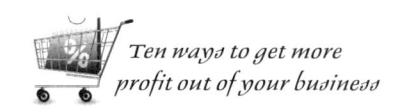

Ten ways to get more profit out of your business

9-2 時間管理：充分利用時間

　　知名管理大師彼得‧杜拉克（Peter Drucker）曾說過：「時間是世界上最短缺的資源，除非嚴加管理，否則將一事無成。」在現實生活中，一個人只有管理好自己的時間，才能在有限的時間內，完成比別人更多的工作，脫穎而出、贏得主管的青睞。

　　當然「一寸光陰一寸金」，對於業務員來說，時間更是寶貴。雖然業務是一項相對自由的工作，可以不太受時間的限制，但有的業務員整天早出晚歸，業績卻毫無起色；有的業務員每天按時上下班，卻還能超額完成任務。對於這兩類業務員來說，老闆給的時間一樣多，為什麼結果卻如此大相逕庭呢？其實，關鍵在於兩名業務員的時間管理不同。要想成為一名優秀、成功的業務員，你就應該掌握好時間管理這項基本技能，這樣你才能「技壓群雄」，做好銷售。

　　那該如何有效率地管理好自己的時間呢？

❶ 心中謹守時間觀念

　　俗話說：「遲到的往往是家離得近的人。」正是因為我們常常認為家離公司或學校較近，所以同樣的約定時間，我們可以比別人晚一點出門，走得比他們慢一點，因而養成拖拖拉拉的壞習慣，直到時間不夠用的時候，才開始驚慌失措，後悔莫及。但真實的原因並非時間不夠用，而是你

Lesson **9** 管理能力──
業績是「管理」出來的

已經忽略掉時間的概念、失去了時間意識，俗話說：「早起的鳥兒有蟲吃。」我們要將時間觀念時刻擺在心裡，凡事都要在自己規定的時間內完成，並嚴格自律遵守。

❷ 堵住時間的缺口

有的業務員整天抱怨時間不夠，工作量大，無法有效完成任務等，但仔細想想，現實生活中，我們也有很多時間都在無形之中被浪費掉。例如從事一些無意義的活動，好比使用社群軟體聊天、玩遊戲、看電視，或是在工作中養成的不良習慣，做事拖延、工作無序等，這都是影響我們合理分配時間的關鍵因素。時間就像海綿裡的水，擠擠總會有的，如果我們能及時堵住這些缺口，減少時間上的浪費，從而增加與客戶洽談、溝通的機會，相信銷售業績會大幅提升。

成交必殺技

- 不做無價值的事。在工作閒暇之餘，就應該多利用網路、電視等媒體，了解一些經濟、銷售產業方面的資訊，也可以關注一些體育、文藝等節目，有利於與客戶閒聊的時候，找到共同話題。

- 將你每天所花費的時間記錄下來，從刷牙、洗臉用的時間開始，一直到晚上睡覺為止。每天記錄並觀察分析，就可以找到時間浪費的根源，想到改善辦法。

- 整理好自己的資料檔案，按順序擺放，最好把客戶集中起來，建立一個檔案，然後將客戶檔案、宣傳資料等分類擺放，方便日後查找。

- 盡量給自己制定一個標準的工作流程，如：介紹產品的步驟、開發客戶的步驟等，這樣在執行的時候能有所依據，方便快捷。

❸ 將事情劃分等級

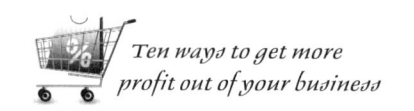

　　管理時間是一種能力，是一種會區分事情輕重緩急的能力，要想提高銷售效率，首先應該正確認識自己工作的難易程度，將事情劃分出等級順序，按先急後緩的次序執行，否則在辦事時容易丟失方寸，亂了陣腳。

　　當然，區分事情的等級不是漫無目的，而是有規律可循的，你可以將工作大致劃分為這四種類型：重要且緊急、重要不緊急、緊急不重要、既不重要也不緊急，分門別類，按照優先順序逐次進行。

❹ 有效利用黃金時段

　　黃金三小時法則告訴我們，應該利用一天中最高效的時段，去完成最重要的工作，以達到事半功倍的效果。因此，找到銷售的黃金時段，關係到銷售工作的成敗。

　　但因為客戶的工作性質皆不同，黃金時段往往也存著差異性，所以，你要能判斷出適合拜訪客戶的時間，然後好好善用這個時段，才能收到事半功倍的效果。

　　除此以外，還可以在客戶的發薪日、受到獎勵或晉升的大好時機前往拜訪，客戶此時「芳心」大開，產品自然就好推多了。

❺ 學會授權

　　由於時間有限，銷售並不是你一個人的事情，如果你把所有的工作都攬在自己身上，那即使忙到焦頭爛額，你也不可能順利完成。因此，合理安排自己的工作性質和工作量，並將它們分門別類整理好，是提高效率最有效的方法。你可以在具體工作過程中，按照「必須自己完成的工作」、

Lesson **9** 管理能力──
業績是「管理」出來的

「可以交給助理完成的工作」、「需要同事和主管協助才能完成的工作」的標準分類，然後逐件規劃，達到節省時間的目的。

❻ 制定銷售計畫表

時間被無辜浪費掉的罪魁禍首就是沒有計畫，想起什麼做什麼，從不按部就班，成為業務員管理時間的致命弱點。

為了充分節省時間，提高辦事效率，最好訂立一個銷售計畫進度表，詳盡安排自己的日常工作，並嚴格按照時間表辦事，做好完善的工作記錄，每天、每週甚至每月，定時檢查自己的計畫是否如期進行，確保任務能按時完成，有助於實現銷售目標。

有效地管理時間等於是為你的銷售投一份保險，只有管理好時間，你才能在銷售中獲得雙重效益，業績才能立竿見影。

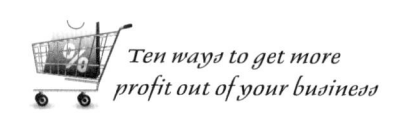

9-3 目標管理：預見你未來的業績

對於業務員，尤其是初出茅廬的菜鳥來說，將客戶管理好是一件極具挑戰性的工作，常常令他們手足無措，但有經驗的業務員卻都能從容應對。其實，想管理好客戶，關鍵只要做到以下幾點。

❶ 建立客戶檔案

汽車銷售大王喬・吉拉德（Joe Girard）曾說：「如果想把東西賣給某人，你就應該盡自己所能去收集他與你生意有關的情報。」而建立客戶檔案，無疑是管理客戶最有效的方法之一。

建立客戶檔案，顧名思義就是把客戶的各項資料加以記錄、保存，然後再進行分析、整理、應用，借此來鞏固、加強與客戶之間的關係，從而提高銷售業績，真正做到「知己知彼，百戰不殆」。當然，建立客戶檔案不僅是要了解客戶的具體資訊，還要充分利用這些有用的資訊來達到成交目的。

例如：利用客戶資料卡，一方面可以安排回款、付款的時間，若自己有事情走不開，還可以讓其他人按照資料卡的內容為客戶服務；一方面透過寄發郵件廣告，為自己的產品宣傳；另一方面還可以明確客戶的狀況，選擇合適的銷售方式與客戶取得合作等。可見，建立客戶檔案對了解客

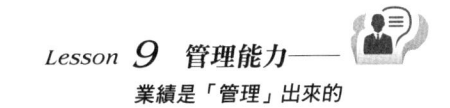

Lesson **9** 管理能力——
業績是「管理」出來的

戶，實現銷售是大有裨益的。那客戶檔案一般應具體包括哪方面的內容呢？

成交必殺技

- 客戶基本資料：客戶的姓名、地址、電話、工作單位、經營管理者、法人代表，以及每個人的性格、年齡、愛好、家庭成員、學歷等。
- 客戶的特徵：包括客戶服務的區域、客戶的需求量、發展潛力、企業規模、經營特點、經營觀念、經營方向等。
- 客戶的業務狀況：包括客戶的銷售業績、客戶與其他競爭對手的關係、客戶和本公司的業務關係以及合作態度等。
- 客戶的交易狀況：主要包括客戶的信用狀況、之前的信用問題、企業形象、商譽，以及銷售活動狀況、保持的特點和優勢等。

❷ 管理客戶檔案

建立客戶檔案並不是有做就好，還要善加管理，才能讓客戶檔案發揮出應有的效益。每次拜訪客戶前，都要仔細查看該客戶的相關檔案，了解客戶基本情況外，還要記住一些在談判過程中有用的資訊。當然，在拜訪完客戶後，也要及時對客戶資料進行補充和更新，確保資料的正確性與完整度，但在管理的過程中，別忘了謹記一些原則，如下。

成交必殺技

- 動態管理原則。在建立完客戶檔案之後，要及時更新，剔除無用的資訊，補充、新增客戶資料，並進行追蹤和記錄。

- 專人負責原則。由於客戶資料涉及客戶的個人資訊，可說是商業機密，因此客戶檔案應由專人嚴加看管，限公司內部使用，不得外流，以免洩露機密。

- 明確重點的原則。客戶檔案的蒐集和整理，就是為了在銷售過程中加以運用，所以要在客戶資料中，區分出重點客戶、潛在客戶及未來客戶，為開拓新市場創造良機。

- 靈活運用的原則。要從客戶的資料中，查找出可以利用的資訊，使資料派上用場，提高客戶管理的效率。

③ 定期回訪客戶

對新客戶及現有客戶建檔之後，沒有經驗的業務員總會認為已萬事俱備，只欠東風，但這種想法大錯特錯，有經驗的業務往往還會再進一步，對客戶做定期回訪。定期回訪看似不重要，其實起著舉足輕重的作用，它可以強化與現有客戶或老客戶的交情，還可以及時向客戶傳達新產品的資訊，進行二次銷售；更重要的是，透過客戶回訪，業務員可以從老客戶那挖掘到潛在客戶。

成交必殺技

- 你可以親自登門拜訪客戶，如果臨近節、假日，最好準備一份應景的小禮物。另外，在拜訪客戶前要先電話預約，這樣才不至於唐突、失禮。

- 透過電話回訪客戶，向客戶詢問產品的使用狀況、客戶對產品的額外需求、產品使用中有哪些不滿意的地方等等。但打電話前，要先將需要客戶回饋的問題列出清單來，以免因為緊張而漏問。

- 可在重大節日寄一份公司的小禮品給客戶，感謝他選擇本產品，並表達

Lesson **9** 管理能力──
業績是「管理」出來的

問候與關愛。

● 可以邀請客戶參加公司舉辦的產品發表會、產品研討會等,鞏固與客戶之間的聯繫。

● 借助客戶的資訊,以 E-mail、信函等方式,向客戶發送一份產品資料,最好附帶產品的樣張及圖片。

總之,客戶管理任重而道遠,它的好壞直接影響到業務員的業績,只有在客戶管理上做到滴水不漏,你的銷售才能真正獲得成功,為自己和公司帶來豐厚的利潤和持續競爭的優勢。

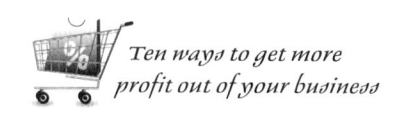

9-4 客戶管理：抓住客戶的心

兵法有云：「不謀全局者不能謀一域，不謀一域者不能謀一局。」現實生活中，那些成功的人無論在什麼情況下，都會為自己制定目標，包括短期目標和長期目標，然後集中精力、心無旁騖地為目標奮鬥，為他們的成功奠定堅實的基礎。偉大的銷售冠軍喬·吉拉德（Joe Girard）每天都要求自己拜訪三十位客戶，而日本保險銷售之神原一平為成就自己的事業，每天堅持訪問十五位準客戶，從未間斷；他們都因為能堅定自己的目標，充滿奮鬥的動力，因而成就了一番偉業。

業務這份工作充滿了艱辛與挫折，所以剛入行的業務員大多會有這樣的通病：就高不就低、不向長遠處展望、頻繁跳槽等等，受到這種消極心態的影響，致使他們最後往往無所作為，究其根源，主要是在工作中缺乏明確的目標，沒有前進的方向，就像船沒有舵一樣，無法遠航。

美國耶魯大學曾對應屆畢業生做了一項追蹤調查，在畢業之際，有3％的學生會擬定一份人生目標。二十年後，調查顯示，這3％的學生比其他97％學生的事業更成功、更富有，為什麼會有這樣的結果呢？其實原因就在於這3％的學生為自己制定了目標，對自己的人生負責。所以說，在工作過程中，無論是眼前的銷售活動，還是長遠的銷售事業，單靠嘴上功夫、能言善道是不行的，你還要有明確的目標及具體的目標管理方法，

Lesson **9** 管理能力——
業績是「管理」出來的

否則很難在業務這行長久發展。

① 銷售目標的制定

目標的制定看似非常簡單，但銷售往往包含了很多不可控的因素，要充分考量到這些，你的目標才能制定得完善、嚴謹、科學，事業才會越做越好。

成交必殺技

- 目標要明確、具體。在制定目標時，首先要弄清楚自己是為了實現銷售目標而工作的，而不是單純為了工作而工作。這一點弄明白了，那行動就只要緊緊圍繞著銷售目標進行即可。

- 目標要具衡量性。制定的目標，用具體的語言就可以明確表示出要達到的標準，例如每天拜訪的客戶數、成交的業務量等等，有助於你在完成目標時，有一定的衡量標準，激勵自己。

- 目標要科學。對資源、市場形勢有明確的把握後，再結合實際情況，制定一個具有挑戰性的目標。但目標不能過低，更不能過高，要具備可實現性。

- 要有一個明確的時間限制。確定目標後一定要加上完成的時限，具體到年甚至是月，否則只是一紙空談，起不了任何作用。

- 關聯性要強。長遠的目標源自於一個個短期的目標，你要分析好現實情況，制定出關聯性較強的小目標，才有助於實現長遠的目標。

❷ 銷售目標的分解

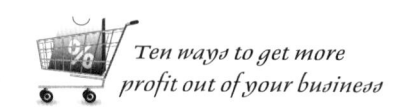

業務員在制定目標後，往往會不知道該從何下手，其實我們可以把它們進行科學分解，劃分為階段性目標。比如年度目標，可以按季度、月份再劃分為季度目標、月度目標等，這樣不僅便於我們實現，且每完成一小目標後又會產生興奮之感，使我們時刻保持滿滿的工作熱情，一步一腳印地完成銷售業績。

❸ 銷售目標的實施

銷售目標的制定並非紙上談兵，唯有行動才是檢驗計畫、目標是否可行的唯一辦法，只有這樣，你離超級業務王才會越來越近。且無論是在與客戶溝通，還是銷售產品的過程中，都要時刻牢記自己的銷售目標是促成交易，避免與客戶發生「口水之戰」，浪費彼此的時間。

為了確保銷售目標的順利實現，還要根據實際情況，按照自己的銷售目標乃至計畫來進行銷售工作，在遭遇挫折時，同樣要用目標來激勵自己，告訴自己：如果此時放棄，一定不會成功，更不用談什麼目標了。

❹ 銷售目標的追蹤與評估

銷售目標並不是一成不變的，你可以適時地進行調整，因為客觀情況是時刻變化的，我們也時刻會產生變化，一旦發現先前制定的目標與自己的發展產生衝突，就要積極、主動地迅速做出調整決策，而不是動搖自己實現目標的決心。必要時，業務員也可以選擇跳槽，但這並不是因為你缺乏恆心，而是這樣才會讓我們的目標更科學，更適合我們長遠的發展，最終實現終極目標。

Lesson *9* 管理能力──
業績是「管理」出來的

　　可以說，你制定的目標就是你所能預見的未來，如果只是把目標管理的概念映入腦中，行動上仍「不思進取」，便想真正在業務這一行呼風喚雨，除非「太陽打西邊出來」，不然是不可能實現的。所以，只有對目標進行恰到好處的管理，並堅定信念，遇到困難時積極面對，你才能真正創造絕佳的業績，坐上超級業務的寶座。

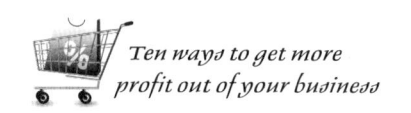

9-5 進度管理：按部就班完成任務

在實際的銷售過程中，絕不可能一帆風順，有時業務員會因為沒有把握住機會，或錯失機會而與成交擦肩而過，甚至產生「一步失誤，步步走錯，最終全盤皆輸」之感。

所以，我們可以把「完成銷售任務」看作一個終極目標，然後把它分解為六個小目標，即尋找目標客戶、接近客戶、介紹產品、刺激需求、排除異議、實現成交，按部就班地依序做好每個目標，確保訂單能談成。

❶ 尋找目標客戶

每個人都希望在第一次面見客戶時就能順利拿下訂單，但這樣完美的事情屈指可數。真實的情況往往是業務員與客戶見了很多次，最後還是未能成交，即便對方有意成交，卻又不肯及時付清帳款，讓業務員相當為難，產生一種「賠了夫人又折兵」的感覺。

為了減少無效的拜訪與簽單，在尋找客戶的時候就要確實考察，確定真正的目標客戶，而針對客戶的考察，可以看以下兩方面。

Lesson **9** 管理能力──

業績是「管理」出來的

成交必殺技

- 客戶是否擁有決策權。若想成功賣出產品，就得去和那些有購買決策權的人進行談判，否則你只會做白工。
- 客戶的信譽及實際支付能力。如果客戶的支付能力及信譽存有風險的話，交易額越大，你最後吃的虧就越大。

❷ 接近客戶

俗話說：「萬事起頭難。」要想順利接近客戶，首先要做的就是引起客戶的興趣。當然，無論用什麼辦法接近客戶，自我介紹都相當關鍵，務必準備一份吸引人的開場白，因為好的開場白往往代表著你的銷售已經成功了一半。

成交必殺技

- 幽默且不失創意的開場白更能吸引客戶。
- 可以就地取材，靈活地讚美客戶，如「以前拜讀過您的大作，今日一見真是倍感榮幸」等等。
- 借助一些新聞時事來切入話題，包括體育、旅遊、綜藝等方面，拉近彼此的距離，建立和諧、融洽的交談氛圍。

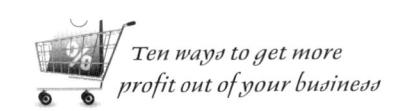

③ 切入正題，介紹產品

在介紹產品時，一定要事先了解客戶的需求，並弄清楚產品的特點，以及能為客戶帶來的具體利益等等。一般來說，產品的特點包括產品的具體構成、功能、特色等；而產品的益處就是怎樣滿足客戶的需求，或使用後可以改變客戶哪些狀態等等。

除此以外，還要巧妙地將產品特徵轉化為產品益處，並與客戶的需求連結起來，如果無法做到這一點，客戶就不會對產品產生興趣，更不會選擇購買。當然，如果你提出的產品益處與客戶的需求不符，客戶還是會拒絕購買。

④ 激發客戶的需求

業務員在介紹產品時，一般都能察覺到客戶是否有需求，有時需求甚至還很強烈，但說服工作完成之後，客戶卻還是無動於衷，甚至不願意承認自己有這方面的需求。這時，如果你與客戶進行爭執，或是乾脆走開，都是不明智的做法，只會導致客戶不願再與你打交道。

客戶之所以不願承認自己的需求，有很大的原因是他們心中存著一定的顧慮，可能是對產品本身或對價格有其他想法；因此，業務員要弄清楚客戶的疑慮，然後去化解，才能進階到下一步。

⑤ 排除客戶的異議

在銷售現場，客戶經常會表現出對產品的排斥或拒絕，讓大多數業務員感到困擾，甚至和客戶起衝突。顯然，這樣的做法於己、於銷售都是相當不利的，因為客戶的疑慮，表面上看似不滿，實際上卻暗藏著成交的契機。如果客戶對你的產品不感興趣，他又何必關心產品品質的好壞，價格

Lesson 9 管理能力——
業績是「管理」出來的

是否公道呢？所以，客戶對產品和服務感到質疑，不盡然都是壞事，而且業務員也有義務幫助客戶解決這些問題，而不是擺臉色給對方看。

❻ 成功結單

很多銷售員常常會產生這樣的困惑，與客戶的交流都很順利，對產品、服務也毫無異議，甚至可以說達到非常滿意的境地，但客戶卻遲遲不成交，這是為什麼？

毫無疑問，原因在於業務員沒有把握好成交的時機。一般情況下，客戶是不會主動提出簽單的，但有時會透過一些含蓄的語言或動作來暗示業務員，這就需要我們自行聽出購買信號。只要你很專心聽的話，若客戶決定購買，肯定會給你一些暗示；如果你不會察言觀色，那即使銷售良機在你面前，你仍會與它擦肩而過。

當然，你還可以在客戶認可產品，沒有異議時，主動創造機會或採行其他辦法來實現成交。很多時候，客戶就是在等業務員問他，會吵的孩子有糖吃，就像孩子不哭，媽媽怎麼知道他餓了呢？所以我們在銷售時，可以主動詢問客戶是否購買，但據調查，有80％的業務員都不太會主動提出成交要求；因此，你反而應該不斷地問他，那個單什麼時候下呀，直到有結果為止。做業務就是要堅持追蹤、追蹤、再追蹤，如果完成一張單需要與客戶接觸五至十次的話，那你就要不厭其煩地熬到第十次。

頂尖的業務員都知道，在實際的銷售工作中，要積極自我反省總結經驗，按部就班地完成銷售任務。急於求成或反應遲鈍，非但不會讓你贏得銷售，反而還會讓銷售事倍功半、停滯不前，甚至丟失客戶。

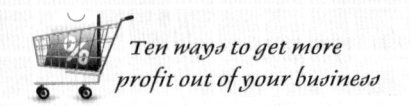

銷售加分題

客戶檔案表

基本資訊							
姓名		性別		電話/傳真		E-mail	
職位		部門		手機		LINE	
婚姻狀況		信仰		經濟收入		教育程度	
住家狀況		生日		子女情況		愛好	
公司地址				住家地址			
客戶狀態	在職（ ）離職（ ）退休（ ）其他（)			客戶級別	普通（ ）潛在（ ）重要（ ）其他（ ）		
客戶來源	展會（ ）直接（ ）網路（ ）			拜訪次數	一次（ ）兩次（ ）多次（ ）		
家庭成員1				家庭成員3			
家庭成員2				家庭成員4			
所在公司情況							
企業名稱		企業性質		成立時間		法人代表	
所屬產業		企業規模		人員規模		年銷售額	
公司總機		公司傳真		公司網站		公司郵件	
備註							
財務資訊							
開戶銀行		開戶名稱		銀行帳號		登記中證號	
支付方式		信用額度		帳期			
執行狀況							
聯繫專員		訂單編號		訂單金額		生產任務單	
跟單員		訂單日期		出貨日期		產品型號	
合約No.		發票No.		裝箱單No.		商檢No.	
信用證No.		核銷單No.		報關單No.		預錄單No.	
貨運公司		貨運合約		提單號		聯繫人	
備註							

Lesson 9 管理能力——
業績是「管理」出來的

銷售充電站

多負責一點，成功就多一點

　　初見楊小姐，你絕對很難想像眼前這位個頭嬌小，說話緩慢，相貌清秀的女子，從事的工作是節奏快、壓力甚大的房地產仲介；更讓人想不到的是，她還創下一年賣出一百間房子的銷售記錄，是公司同事羨慕不已的「高手」，讓人不禁好奇，她成為超級業務員的祕訣究竟是什麼？

　　楊小姐在擔任仲介前，其實做過家教老師、服飾店員、超市收銀員等工作，頻繁地換工作，但她始終找不到工作方向，令家人十分擔憂。後來由於楊小姐本身酷愛閱讀，尤其是一些室內設計方面的書籍，加上她在大學讀的就是不動產相關科系，所以便在朋友極力的推薦下，接觸了房地產。

　　起初公司把她安排到一處較偏遠的住宅區，剛進公司的她，整天不知所措，雖然主修過不動產科目，但市場的變化劇烈，學識也變成了一項擺設；除此以外，她對這個地區也不了解，缺少人脈資源，不知道該如何開發客戶。眼看著一個月的試用期就要過去了，自己卻沒有成交一間，壓力、焦慮、沮喪一下子全湧上心頭，讓她頓時充滿挫折感，才過一個月，心中就萌生了打退堂鼓的念頭。

　　直到她參加公司的業務表揚大會，看到與自己同期的同事小張竟然因業績亮眼，受到老闆的褒獎。楊小姐的好勝心頓時被激發出來，既然別人能做到，自己一定也能辦到！當天晚上，她便定下一個目標：

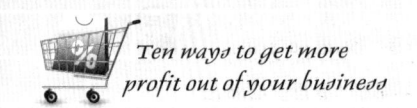

年終一定要成為「銷售冠軍」！她知道成功並非說說而已，為了成功實現目標，她把終極目標分解成一個個小目標，規劃為階段性目標，在拜訪客戶前總會仔細看一遍，以此鞭策自己，從而強化自己必勝的決心。

儘管試用期只剩不到二十天，楊小姐始終堅信自己一定能達成，她每天提早到公司，利用時間惡補房地產知識，不懂的就請教公司前輩；中午，她妥善安排自己的用餐及午休時間，用省下來的時間瀏覽網頁，關注一些時事新聞，累積與客戶聊天的話題；下班後，就忙著總結一天的工作進度，整理客戶資料等等。

眼看快月底了，自己的目標還是沒有達成，本還想著利用這幾天去拜訪客戶，但不湊巧地接連幾天都陰雨連綿，楊小姐只好打開電腦，調出客戶資料，索性問候一下老客戶，誰知道自己這無意的舉動，竟為自己「問」回了兩個大訂單，讓楊小姐興奮不已。於是，每逢下雨或天氣不好的時候，她就會打電話給客戶進行「回訪」，詢問房子的滿意度及客戶需求等。除此以外，楊小姐還會將客戶的喜好記錄下來，適時送一份精美的禮物給對方；在客戶生日當天發送祝賀簡訊，並親自登門送上蛋糕，與客戶及其朋友一同慶生。

就這樣，楊小姐順利通過試用期，得到老闆及同事的認可和稱讚，在接下來的日子裡，楊小姐更是努力，因為她知道自己離目標還很遠。而在實現目標的過程中，有一件事，讓楊小姐至今仍記憶猶新。

盛夏的某天，一位客戶匆匆找到楊小姐，說明自己的房屋需求，希望楊小姐能盡快為自己找到房子。面對客戶急切的請求，楊小姐第二天就找到了客戶喜歡的房子，但她意外地發現，這位客戶慘遭家暴，雖已辦好離婚手續，可是贍養費要幾個月後才能拿到，所以這位小姐

Lesson 9 管理能力——
業績是「管理」出來的

手中的現款還不足支付房子的頭期款。

此時楊小姐面臨著兩難的窘境，不是幫助客戶處理貸款，買下房子，及早脫離苦海，就是放棄客戶，重新開發新客戶；而楊小姐毫不猶豫地選擇了前者。她根據客戶的情況，做了初步預算，在客戶能承受的範圍內，前前後後跑了半個多月，跑遍所有銀行，終於幫客戶完成了小額貸款，順利將房子買下來，開始了新的生活。這位客戶感激不已，經常為楊小姐介紹一些要買房的客戶，以報答楊小姐。

另外，即使是從她這裡買了好幾年房子的客戶，只要遇到房子漏水……等狀況發生，都會立即打電話給楊小姐，楊小姐也樂此不疲，在第一時間尋找抓漏公司，盡快解決客戶的問題。

憑著這種始終如一、熱情且真誠的態度，楊小姐很快就和自己的客戶打成一片，甚至成為好朋友；正是因為客戶對自己的信賴和這種愛學、努力、真誠、不放棄的韌性，楊小姐有四分之一的業績都是由老客戶介紹來的。到了年終，楊小姐真的獲得了「最佳銷售冠軍」的獎項，還被公司連升兩級，坐到了主管的位置。

雖然得到了公司、主管、同事的認可，實現了自己的年終階段目標，但楊小姐絲毫不敢鬆懈，累積自己的銷售經驗外，也一邊學習管理方面的知識，希望對自己長遠的目標有所幫助。

楊小姐的工作經歷，給了我們什麼啟示？

銷售是一份極具挑戰性的工作，不僅磨練著業務員的心態、毅力、目標等方面，還考驗著業務員各種管理能力，只有把那些繁多、瑣碎的工作處理到位，井然有序，並在遇到問題時不慌張、不著急，那就不愁客戶不上門找

Ten ways to get more profit out of your business

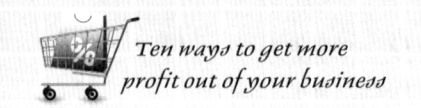

你,更不用愁你的產品賣不出去。那從楊小姐身上我們可以學到什麼?

❶ 及時調整心態,讓自己更有動力

楊小姐在面對自己屢屢受挫,一切從零開始的時候,雖然曾萌生了退縮的念頭,但看到別人的成就後,她非但不感到自卑,反而正面思考,相信自己能夠成功;所幸經過努力後,她也確實取得了成功。其實,有時失敗與成功就在一念之間,在遭遇挫折時,及時調整自己的心境,給自己一個堅持下去的信念,轉過頭,成功或許就會不請自來。

❷ 管理目標,讓夢想更靠近

案例中,楊小姐將自己的目標分成階段性的小目標,這樣就可以透過不斷實現小目標激勵自己,然後一步步達成終極目標。

想一步到位、實現長遠目標是不大可能的,先確立一個長遠的目標,為自己找準努力的方向,然後再進行階段性分解,這樣就可以減輕自身的壓力,讓自己輕裝上陣,順利實現願景。

❸ 重視客戶服務,為自己累積人脈

楊小姐時時刻刻為客戶著想,急客戶之所急,想客戶之所想,對於已售出幾年的房屋發生問題,楊小姐也都能及時解決。可見,她是真心真意為客戶服務,甚至把解決客戶的問題視為己任;同時關注客戶資料,若對方生日,還會親自送上自己的心意與。試想,這種將心比心的工作態度,又怎麼會不受客戶歡迎呢?

業務員要處理好與客戶之間的關係,就不能忽視一些細節問題,因為這

Lesson 9 管理能力──
業績是「管理」出來的

些都是感動客戶的關鍵所在,只有在客戶心中樹立良好的形象,他們才會為你帶來更多的潛在客戶,提升你的業績。

業務員只有在具備良好心態的前提下,才能屢敗屢戰,奮鬥不息,積極跨越困境並主動創造更好的業績,走上一條成功的銷售之路。

Lesson 10

職涯規劃

Ten ways to get more profit out of your business

將業務力轉化為
事業資本

銷售諮詢室

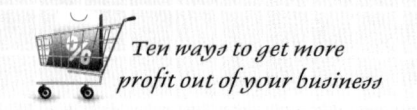

不知道未來的路在哪裡？

★ Requesting for help ★

尊敬的王老師：

您好！久仰您的大名，我叫Mick，我是台南人，目前在台北工作，之所以會留在台北，有很大的原因是為了我的女朋友。唉，我心裡有許多苦悶，知道不該在信裡說，但我想現在只有您能解答我心中所糾結的問題。

說來話長，我和我女朋友是在大學認識的，我非常愛她，她是台北人，因為不習慣離家人太遠，所以不願隨我回南部工作，我也不想和她相隔兩地，畢業後就留在台北打拚。但台北的消費物價比較高，我們那時也只是剛畢業的學生，如果想多賺些錢，也就只能做業務，想著多拿些獎金，讓生活過得好一些。可是因為銷售經驗不足，我每個月拿到的獎金並不多，僅勉強夠我們付租金、吃飯等日常開銷，連去電影院看電影都覺得奢侈；但我的女朋友非常支持我，雖然我沒房沒車，她還是願意和我在一起，讓我非常感動。可是一想到我們蝸居在十多坪的小套房裡，我就心如刀絞，為了愛情，我不怕吃苦，我的業績也在逐漸成長。

如今我已經做了兩年的業務了，業績也還可以，目前任職的公司雖然不大，沒有太多的層級劃分，但老闆很器重我，雖然沒辦法升職，每個月也都還有四、五萬的收入。只是我偶爾會感到迷茫，工作對我

Lesson 10 職涯規劃——
將業務力轉化為事業資本

來說,除了維持生活和女朋友的笑臉,我不知道還有什麼意義,難道我要這樣一輩子做業務員嗎?我的未來在哪裡?希望王老師能給我一些建議,在此深表感謝!

Dr. Wang's advice

Mick你好,非常高興你能將自己的心裡話告訴我,為了愛情,你也許背負了很多甜蜜的壓力,但我要告訴你,選擇做業務,得到的絕不僅有壓力而已。也許你現在認為做業務是沒辦法中的辦法,但你要知道,其實業務才是最有發展前途的工作,如果你能做好規劃,你不僅能擁有甜蜜的愛情,還能享有美好的事業。其實你現在遭遇的是職業瓶頸,這是每位業務員都可能遇到的問題,不要感到有壓力,既然你和女朋友的感情很好,又累積了一定的銷售經驗,並取得一定的銷售業績,不妨勇敢地做出改變,相信你會得到更多。在此,我給你提出幾點建議,希望對你有所幫助。

❶ 給自己制定職業規劃

詳細可行的職業規劃能讓業務員得到更好的發展,所以,制定一個適合自己的職業規劃是非常必要的,在規劃時,你不要被眾多因素所局限,比如為了維持收入,那你就要考慮現在的工作,今後可能有哪些發展,希望你能認真想一想。

❷ 打破現狀,到更大的空間發展

溫水煮青蛙,只能自取滅亡,在必要的時候要敢於做出改變。如果你感

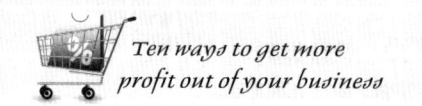

覺現在的公司太小，以至於讓你沒有發展的空間，那不妨勇敢地做出改變，跳槽到別的大企業，給自己找出路、找舞臺，結合職業規劃的內容，相信你會有更好的發展。

❸ 與老闆密切合作，開闢自己的一片天。

如果你與現在的老闆關係很好，或手中有一些能幫到你的老客戶，可以動用他們的關係，借此為自己的事業開闢一番天地，如果你能想清楚並好好做，那前途也很光明。當然，具體還要看你目前的情況。

其實，兩年的業務經驗已經讓你了解很多，就此放棄相當可惜，更何況你在業內也累積了不少豐富的資源，若能多加利用，你會看到另一個自己。

★ Case analysis ★

在業務員中，有一部分人當初入行時都像 Mick 一樣，礙於現實、迫於無奈，而身不由己，所以 Mick 的問題具有一定的代表性，也反應了業務這行的一些現象。

其一，業務是一項門檻低的工作，入行並不是一件難事，但要做好卻不容易，不僅需要努力，你還要善於做好個人規劃，訂出自己未來的成長路線圖。

其二，其實不僅是業務員，很多外行人也對業務工作的理解存在誤區，與其說業務是一項工作，不如說他是一項事業，業務這一行不只是用來維持溫飽的工作，更是一項可以帶來輝煌成果的事業，但是成為一項工作還是成就一項事業，就要看你自己怎麼做了。

Lesson 10　職涯規劃──
將業務力轉化為事業資本

兩年的銷售工作讓 Mick 走到了一個危險的關口，是走是留決定著他未來的人生；而他能提出這樣的困惑，說明他對自己和未來仍抱有積極的期望，只是不知從何下手。有美好的願望是好的，更值得鼓勵，但更重要的是，做出實際的改變，才能為未來的發展帶來轉機。

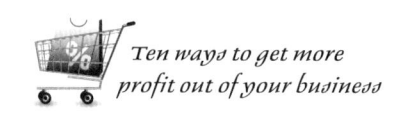

10-1 業務是機會與壓力並存的職業

業務是一項頗具挑戰和倍感艱辛的工作，大多數人之所以選擇銷售，便是因為它能成就你，是能讓你脫穎而出的黃金職業。但做好業務並不是一件容易的事，來自各界的壓力非常多，不管是刁鑽的客戶、專橫的主管、精明的同事、覬覦的對手等，所有的一切都讓業務員倍感壓力；其中就有不少人因為無法承受壓力，而轉向別的行業，可是也有不少人化壓力為動力，取得非凡的成就。

但不管是新入行的業務員，還是在業務圈奮鬥大半輩子的人；還是做業務或其他行業，同樣都會遇到來自各方面的壓力，包括客戶的不滿與抱怨、主管的訓斥，還有同事的排擠、同行的競爭，同樣會存在壓力與煩惱。與其換一份陌生的工作從頭開始，壓力也還是在，倒不如繼續堅持這份工作，妥善處理好壓力。

事實上，業務員面對的壓力往往比其他行業大上許多，但適度的壓力能使人挑戰自我，充分挖掘潛力，讓工作充滿激情，而不良的壓力則會引起焦慮，引發沮喪、發怒等後果，所以能否承受來自工作的壓力，決定成功機率的大小。因此，每個業務員都要積極地學會自我減壓，將壓力轉化為工作的動力，投入到銷售工作中。那該如何緩解工作中遇到的各種壓力呢？

Lesson 10 職涯規劃──
將業務力轉化為事業資本

❶ 悉數往事，壓力只是浮雲

偶爾回憶往事的時候，很多人可能都有過這樣的感覺，在學生時代，面對大大小小的考試，甚至是升學壓力，肯定也曾想過放棄，但最終還是堅持下來了。時至今日，那份壓力成了動力，那份煩惱變成了喜悅，那份堅持就是現今成就最好的詮釋；而這些，無疑成為人生中最寶貴的財富。

當然，現在從事的工作雖然相對於以往，壓力程度不同，但想想也有著異曲同工之處。那些頂尖的業務員第一次給陌生客戶打電話、第一次拜訪客戶、第一次賣出產品的時候，又何嘗不是扛著壓力「上岸」？雖然如今業績居冠，但當年那麼多的「第一次」，也曾讓他倍感焦慮，寢食難安。

所以，今天面臨的壓力終究會成為過去的事實，對將來的成就而言，或許根本不值得一提，什麼都是浮雲，要知道困難只是暫時的，搬開壓在胸口的那塊大石，輕鬆投入到工作中去吧！

❷ 轉換心態，送自己一縷陽光

只要有工作，壓力就會存在。有的業務員在剛投入工作時，業績一直很好，但工作幾年、累積一定的工作經驗後，難免產生懈怠的心理。面對主管的指責，同事之間的摩擦，客戶的無情拒絕，業務員會感到自己是多餘的，都是因為自己不討人喜歡才會這樣，於是開始產生負面情緒，對工作、他人產生不滿，怨天尤人，導致業績連日下滑。

其實，壓力的大與小，能否舒緩，關鍵在於你面對壓力時的心態及應對方法。由於每個人的經歷、個性不同，每個人的舒壓方式也不一樣，但還是要用積極的心態去解決問題，明白客戶提出拒絕時，只是拒絕產品和服務，並非你這個人。

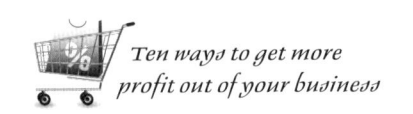

總之，在工作時調整好自己的心態，努力使自己保持豁達、寬容之心，並經常保持積極愉快的情緒，凡事正面思考。這是一種很好緩解壓力的辦法。

❸ 向成功者看齊，感受背後的曲折

「天將降大任於斯人也，必先苦其心志，勞其筋骨」，歷經磨難最終成就一番偉業的例子數不勝數，全美地產大王湯姆・霍金斯（Tom Hopkins）在奮鬥的過程中，一開始連西裝都買不起，只能穿著樂隊制服工作；偉大的銷售冠軍喬・吉拉德（Joe Girard）即便在巨額負債的情況下，也不曾灰心過；商場鉅子李嘉誠在創業過程中幾近冒著破產的風險，仍不放棄，他們最終都憑著持之以恆的勇氣取得了成功。

有句話說得好：「成功者都是踏著荊棘走過來的。」其實，在我們身邊同樣也能感受到這種成功背後的艱辛，在同事或對手獲得不俗業績時，要知道他們背後也曾面臨過和你一樣的壓力，是他們的付出戰勝了自我，才能有如此豐收的成果。

因此，在面對壓力時，可以想一下身邊的人或是成功者的歷程，激發你對工作的熱情，帶著滿滿的活力再出發。

❹ 設想對手，從容面對壓力

業務工作充滿了競爭，不同的職業，其過程和衡量的結果也是不一樣的，但衡量業務員是否完成任務，出色的業績並不是評判的標準，比競爭對手做得更好才是你的目標。優秀的業務員不會排斥、挑剔客戶和艱鉅的任務，因為他們能深刻體會到，不給自己機會，就是在為對手創造機會，

Lesson 10　職涯規劃——
將業務力轉化為事業資本

壓力與困難對待每個人都是平等的，挑戰和機遇總是並存。

所以，當你面臨壓力時，應該想到你的競爭對手也同樣面臨著這方面的壓力，如果你選擇退讓，那壓力就等於是在幫助對手打垮你；但只要你選擇克服壓力，那便是壓力幫助你擊退了對手。你的每一分努力都會被寫在積分榜上，只有你的努力超過了競爭對手，勝利才會與你不期而遇。

任何職業都充滿了機會與壓力，業務這一行更是如此。業務這份工作，本就不可能經常遇到好說話的客戶，也不可能永遠見到主管的笑臉，更不可能不與人競爭。但機會把握在我們自己手中，既然你選擇了銷售，那就要做好面對一切壓力的準備，這樣才能實現你的夢想。

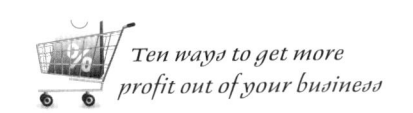

10-2 職涯規劃，立足在自我了解與學習

　　如果你想要創造出輝煌的業績，前提條件就是要對自己的工作進行科學、合理的規劃，即為自己的未來做好職業規劃。但想要做出一個既適合自己、又合理的規劃，並非苦想一夜就能辦到，你平時就要廣泛學習，把目光放長遠，用新觀念、新方法、新知識充實自我的同時，也要懂得為自己以後的路做準備。

　　那在銷售的過程中，究竟要如何學習？又要學習哪方面的知識呢？以下提供你一些建議。

❶ 學習有關產品的知識

　　作為業務員，如果你不了解自己的產品，那你要如何向客戶銷售，客戶又怎麼會買單呢？要知道，卓越的銷售業績與業務員的專業知識是密不可分的。因為，客戶對產品知識的了解往往不透徹，而業務員就是他們最信賴的專家或顧問，倘若你能拿出最專業的態度為客戶解惑，相信客戶會很樂意購買你的產品；相反地，如果客戶不懂，業務員也說明得不清不楚，那客戶會願意購買你的產品嗎？答案絕對是否定的。

Lesson 10　職涯規劃——
將業務力轉化為事業資本

❷ 學習成交的技能

銷售的目的就是要實現成交。業務員肯定常聽到一些客戶說：「我資金不夠」、「我沒有時間」、「我現在不需要」等各種藉口，當然有的可能是客戶真正的想法，但有的卻可能是客戶為了達到降價或某種目的的藉口。這時，業務員就要擁有超強的自控能力、觀察分析能力及巧妙的應變能力，來提升自己的銷售業績。

❸ 學習管理的技巧

「不想當將軍的士兵，不是好士兵。」雖然你現在只是一名業務員，但你不可能一輩子都當名普通的業務員，業務經理、業務總監，甚至是總經理，都是你要奮鬥的目標，而要勝任這項職位，你就必須具備一定的管理能力。

除此以外，隨著市場經濟的飛速發展，競爭越來越激烈，業務員不能只完成任務而已，還要在賣產品的基礎上，管理好你的客戶，包括不同級別、不同年齡、不同觀念的客戶，妥善地管理客戶名單，讓客戶替你賣產品，這才是讓你的業績不斷成長的法寶。

❹ 培養自己的綜合能力

若想成為一名出色的業務員，不斷攀升到業務的最高峰，就得從多方培養自己的綜合能力；且這些能力無法在書本上學到，必須在實際銷售經驗中累積、總結出來。

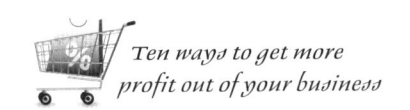

成交必殺技

- 與客戶的溝通能力。
- 靈活的應變能力。
- 語言組織及邏輯思維能力。
- 開發客戶的能力。
- 良好的抗壓能力。

⑤ 學習運用高科技產品

二十一世紀是一個資訊時代,在這個速度決定成敗的年代,誰先掌握到最具有價值的資訊,誰就是勝者;對業務員來說也是如此,若你比競爭對手先獲得有用的資訊,就意味著你成功了一半。而時下最先進的工具莫過於網路的應用,它可以幫助業務員了解經濟、市場以及產品最新的動態,搶得先機。

⑥ 學習與主管相處的技巧

在求職的過程中,你會遇到形形色色的主管,有的主管頑固且心胸狹窄;有的主管華而不實,喜歡聽阿諛奉承的話;有的主管則是愛挑剔,對員工苛刻;有的⋯⋯當人們遇人不淑,仕途不順時,總會把問題歸咎到主管身上,這是十分不明智的做法,要知道你與主管的關係融洽與否,也是影響你得到提拔、升職、加薪的重要因素。

當然,首先要做的就是博得主管的好感,但這並不是叫你用浮誇的言

Lesson 10 職涯規劃──
將業務力轉化為事業資本

詞說好聽話,以此來獲得主管的賞識,這種愛逢迎主管的人,反而容易招致他人的反感,結果適得其反。要想獲得主管的青睞,最有效的方法就是用業績說話,這樣別人自然不敢小看你,就連主管也不例外。

但「伴君如伴虎」,一不小心就可能隨時失業,有時再怎麼小心翼翼、戰戰兢兢,往往還是動輒得咎,應謹慎小心。

成交必殺技

- 了解主管的習慣。對主管的工作習慣、興趣愛好、奮鬥目標等方面瞭若指掌,才能適當迎合,投其所好。
- 積極工作,做好自己份內的事,一方面提升工作技能,還能強化自己在主管心中的形象。
- 和主管保持一定的距離。與主管太親密,會讓同事認為你只會拍馬屁、巴結,與同事之間關係惡化。
- 不惡意攻擊或說主管的壞話,做錯了事,就勇於承認,敢於對自己的過失負責。

二十一世紀,競爭日益加劇,實力和能力的打拚只會越來越激烈,學習不僅是一種心態,更是一種生活方式。業務員成就的大小,從他晚上是如何運用,就可以看出端倪,最差的業務員晚上就守著電視猛看,或是和朋友出去玩樂等,這樣的業務員最沒出息;一般的業務員會去找客戶應酬,喝酒聊天,雖然這樣也能拿到訂單,但難有很高的成就;優秀的業務員會利用晚上整理資料,分析客戶,做好計畫,在處理完一天的工作後,又堅持看一小時的書,這樣的業務員將來定很有前途,有機會可以做老闆。而你想當哪一種呢?

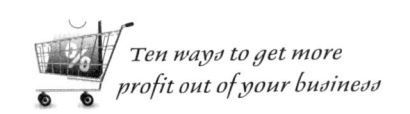

10-3 你的下一步怎麼走？畫出發展路線圖

如果有人問你：「五年或十年後，你想做什麼？」你會茫然搖頭？還是非常自信地告訴他：「我早就做好職涯規劃，五年乃至十年後，我一定會做到……」如果你回答的是後者，那麼恭喜你，你已贏在起跑線上，說明你比別人離成功更近一點。但現實生活中，絕大多數的人只會抱怨：「唉，十年過去了，事業一點進展都沒有，依然是老樣子。」

有的人做業務好多年，奔波勞碌，依舊僅是一名業務員，有的人卻在短短幾年便累積了晉升資本，升職為經理，甚至是公司的業務菁英。但要如何讓自己比別人更出眾，走得更遠、更寬呢？這便是業務員眼前所要面臨的困惑與茫然，究其根源，大多原因在於業務員目標不清晰，缺乏職業生涯規劃所致；既然我們希望改變，那何不現在就為自己訂立一份人生的職業生涯規劃呢？

什麼是職業生涯規劃？用通俗的語言來講，就是分析現狀，替自己設立一個有挑戰性的職業目標，了解自己的潛能，找到不足、彌補差距，實現自己人生夢想的過程。當然，為了實現最終的人生夢想，我們可以把職涯規劃具體分為幾個階段執行。

◉ **20～30歲**：職業生涯早期──又被稱為職涯青春期，這一階段

Lesson 10 職涯規劃——
將業務力轉化為事業資本

的主要任務就是學習知識,鍛鍊能力,自我定位,做好開始工作的準備。

◉ **30～40歲**:職業生涯中前期——即職涯成長期,主要任務是爭取職位輪換,提升才幹,同時尋找最佳貢獻區,找到自己的發展主力。

◉ **40～55歲**:職業生涯中後期——即成熟期,主要任務是創新發展,贏得輝煌成就。

◉ **55～70歲**:職業生涯後期——這一階段主要的任務是領導、決策,總結經驗或教授經驗。

由於各個階段的時期、特點不同,所以任務也不一樣,但只要了解職涯規劃,就可以明確地了解自己所處的位置,從而為自己進行分析。總之,職業生涯早期,要盡量找那些能讓自己磨練最深的工作;中期則是選擇收入最高的工作;而後期就要選擇能充分發揮人生價值的工作。除此以外,當你在做職業生涯規劃時,還要充分考慮以下兩大因素。

❶ 內、外職業生涯

所謂內職業生涯就是從事一種職業時的觀念、心理素質、經驗等,是自己不斷探索獲得的,它們不會因為外職業生涯的失去而自動喪失,好比說,業務員在從事銷售所獲得的開發客戶知識、經驗、技巧等,即便不從事業務這工作,這些方面的能力依舊為他所擁有,並不會改變;而外職業生涯則是業務員無法決定的,由他人認可,同時也極易被他人所剝奪,它通常是指從事一種職業時的工作時間、薪酬、工作職位等等。

在職業生涯規劃的過程中,只有做到內、外職業生涯統籌發展,職業生涯的路才有可能一帆風順。因此,千萬不要戴「有色眼鏡」,只關注企業的薪酬、職務等方面,而是要用發展的眼光看問題,否則會使我們職業

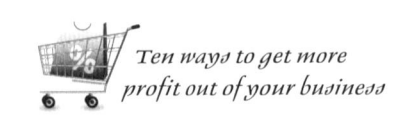

生涯規劃的方向發生偏差，不利於實現總體目標。

❷ 職業方向和總體目標

大多數的業務員在職業生涯規劃中會有「兜圈子」的感覺，認為做業務沒有任何發展前景，其實，這是因為在規劃時，沒有選擇好自己的職業方向。為什麼這樣說呢？因為職業方向，顧名思義就是選擇什麼樣的職業，而真正意義上的職業生涯常常是在確定好職業方向及目標的那一天開始。

一般情況下，當你在進行職業路線規劃時，一定要注意自己的晉升、發展路線，以下就簡單介紹一下業務員在晉升中所遇到的職業問題及解決對策，從而在規劃中做到未雨綢繆。

成交必殺技

- 基層業務員：工作內容就是聯繫好客戶，提供銷售服務，建立業務聯繫。特別注意的是，在這個階段要重點進行自我認知，累積實力，包括客戶資源、銷售技能、業績水準、心理素質，不忘時時「充電」，強化個人的競爭力。

- 高級業務專員：此時的職位及工作情況就相對較為穩定，要知道自己份內的事就是聯繫重點客戶，並為他們提供銷售服務。當然還要重點考慮到如何提升自己的價值、職業發展和定位問題，主要發展方向就是增加自己的客戶群或增加夥伴，同時根據公司的實際情況進一步學習，增長知識，開拓業務，為自己的未來發展做好準備。

- 業務主任：主要任務就是制定好銷售政策並預測產品銷量，進而制定相應的銷售計畫。由於這個職位需要很長的磨合期，所以在這段時期一定要好好學習對上對下的相處之道，如何與主管更好地溝通，還要學會管理好自己的團隊。

Lesson 10　職涯規劃——
將業務力轉化為事業資本

- 業務經理：這個職位就是考驗你的領導能力及個人影響力。所以，在這個職位一定要注意個人修養與素質的提升，像經營企業一樣經營自己，用個人魅力影響底下的員工。當然，在這個高級職位，發展空間極其有限，但要知道管理好企業，讓企業有突破性的發展才是你實現人生價值最好的回報。

此外，為了實現人生價值，你也可以透過創業，從外部拓展新的發展空間，但要記住一點，在規劃好自己職業生涯的方向與目標後，最重要的關鍵即為行動，若規劃好而沒有行動，目標就難以實現，也談不上事業成功。所以，你要做的就是確實付諸於行動，用行動來證明一切，讓自己的職業生涯規劃行之有效，並根據實際的環境變化來進行評估與修訂，不斷完善規劃，從而更確認自己前進的方向。

成功源自清晰的目標及規劃，若沒有規劃，就是在浪費人生，只要你能正確認知自我，有夢想，有規劃，有步驟，有行動，有處世的智慧，就能脫穎而出，為自己創造一片豔陽天。

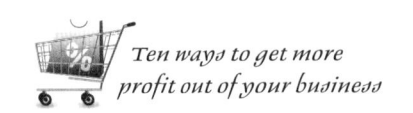

10-4 事業危機，你的瓶頸是真是假？

瓶頸，顧名思義就是瓶子最窄的關口。職業瓶頸通常就是形容一個人對所從事的職業已到了倦怠，甚至是窒息的地步，這個階段就像瓶子的頸部一樣是個關卡，再往上便是出口，但如果沒有找到正確的方向，有可能一直被困在瓶頸處，進退兩難。

在現實生活中，人們難免遭遇職業瓶頸，使自己陷入兩難的情況。而業務這份工作雖然獎金高、回報好，但因為工作本身的特殊性，導致業務員更容易陷入職業瓶頸的危機。

一些業務員從事銷售行業幾年了，職位晉升的也很快速，順利做到主管的位置，但他們發現自己對這份工作沒有了激情，甚至感到煩躁不安、身心俱疲，在工作中怎麼都提不起興致，只是一直依仗著慣性堅持工作，職位也不再有更大的進步，從而感到前途渺茫，對工作失去信心，這也就是我們經常說的工作瓶頸。

一般情況下，業務員遭遇工作瓶頸主要有兩種原因。

● **主觀原因**：業務員常因為個人的認知能力不足，導致對自己、對企業認識的不夠透徹，進而在發展到一定階段後，無法繼續前進，甚至是閉門造車，裹足不前。

Lesson 10　職涯規劃──
將業務力轉化為事業資本

◉ **客觀原因**：有的業務員雖然資歷很深，能力也很強，業績提高得也很快，但就是無法獲得公司或高層的重用，感覺自己「英雄無用武之地」，因而對目前的狀態產生厭煩，希望藉由跳槽或創業，來實現自己的人生價值，但想到跳槽與創業的成本，又覺得進退兩難。

的確，這兩種情況都十分常見，但只要仔細分析不難發現，針對主觀原因產生對工作倦怠的情緒，其實完全可以避免，能透過認知自我、請教同事等方式來改變，所以這種瓶頸是表面的，並非真的陷入困境；相對於前者來說，後者是由於客觀原因產生，讓自己心態發生變化，導致停滯不前，這才是我們所說的「真瓶頸」。因此，當你感到前途無望時，不要主觀地認為自己掉進了「職業瓶頸」的陷阱，先試著積極查找原因，確認清楚，採取相應的措施補救。

當然，無論是哪種原因導致的職業瓶頸，如果不能正確處理，都可能影響到自己未來的職業發展。現實生活中，面對瓶頸的制約，有人選擇堅守陣地，在不斷的碰壁中總結經驗，然後反省糾正自身，進而安全度過瓶頸期；也有人選擇利用身邊資源不斷探索，經由師長指點、人才測評等外力規劃自己的職業發展。

那業務員在遇到職業瓶頸時，該如何突破這種危機呢？

❶ 制定明確的職業生涯規劃

如果業務員在進入銷售領域後，個人發展始終處於停滯的狀態，中年還每天提著公事包、擠著公車往來於各客戶，進行陌生拜訪，那將是件很悲哀的事情。面臨工作倦怠，又不想透過別的方法來改變現狀，漸漸就會讓自己走不下去，這樣的職業危機對業務員來說，是一個非常大的阻礙，

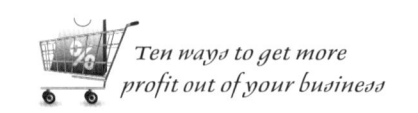

甚至阻礙你日後的發展，與其靜觀其變，讓事情越來越糟，倒不如及早預防，做好你的職涯規劃。首先要對各方面進行綜合權衡、分析，根據自己的職業傾向，選擇最佳的職業奮鬥目標，再為目標做出行之有效的安排。

❷ 與你的主管時刻保持溝通

無論我們做什麼工作，時間一長，難免會出現懈怠的負面情緒，一旦陷入倦怠，必然會影響業績的提升、工作的進展，進而導致主管的不重視或邊緣化等情況發生，再加上內心的急躁不安，更讓自己陷入煩躁之中無法自拔。

這時，最好的辦法就是及時找主管溝通，消除自己的顧慮外，還能從他們那裡得到寶貴的經驗，深受啟發，畢竟他們是長年征戰於銷售市場的前輩。

❸ 及時給自己補充能量

有時，業務員的學經歷已達到一定的水準，卻始終得不到公司的提拔，剛好遇到一個升遷的好時機，又被主管擋下來，因而開始抱怨主管用人不公等等。其實，大部分情況並不是主管的錯，哪個主管不希望手下人才濟濟，讓績效更好的發展。公司之所以沒有讓你晉升，有可能是你在知識、技能等方面，還無法勝任那個職位，由於沒有勝任高職位的突出能力，又對現有的職位出現厭倦；所以，深陷職業瓶頸是非常正常的事情。

而對於發生這種情況的業務員來說，最有效的辦法就是及時充電，增強自己的競爭力，千萬不要認為自己掌握了一些「必殺技」，就故步自封、止步不前，你反而要學會充分應用「短板原理」，找到自己與期望職

Lesson 10 職涯規劃——
將業務力轉化為事業資本

位最大的差距之處,然後利用一切方法去加強自己;只有真正突破自我,你才能積聚厚積薄發的力量,順利突破瓶頸的束縛。

❹ 跳槽或創業是你最好的選擇

有的業務員在進行自我以及企業的分析後發現,自己的知識、技能已能獨當一面,止步不前的原因並不是能力不足,而是因為公司限制了自己的發展;若眼下有較好、較滿意的職業,那請不要猶豫,跳槽或創業就是你實現人生價值最好的出路。

但跳槽前一定要慎重,做好相應的準備,要知道,跳槽會浪費你大量的時間與精力,如果跳到一個陌生的行業,你目前的人脈、資源,可能會因為產業性質的不同,而變得一文不值。

職業瓶頸並不可怕,可怕的是你不想辦法解決這個危機,任由事業原地打轉甚至倒退。你應該抓住時機,找準自己的方向,該出手時就出手,在銷售領域成就一番事業,實現人生價值。

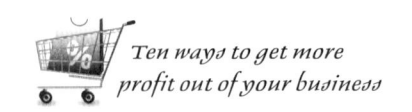

Ten ways to get more profit out of your business

10-5 越跳路越廣，讓每次跳槽都有價值

俗話說：「不想當將軍的士兵，不是好士兵。」生活中，人們常常會利用跳槽，來追求更高的收入、福利，以及更廣闊的發展空間；跳槽也給那些感覺「英雄無用武之地」的業務員，一個發揮個人潛能的機會。但並不是每次跳槽都會產生這麼好的結果，如果方法運用不當，不僅會失去展示才華的機會，還會白白浪費大量的時間與精力，擔誤了自己職涯的發展。那應該如何有效避免這種不好的情況發生，讓自己的跳槽有價值呢？不妨從以下幾方面做起。

❶ 評估好就業機會，理性規劃後再跳槽

業務是一門涉及非常廣泛的職業，因此一些「精明」的業務員常認為：銷售無邊界，任何與銷售有關的職業都是相通的。抱著這種觀念，哪個企業底薪高就去哪裡，哪個企業提供的福利待遇好就去哪裡，哪個職業的獎金高就從事哪項職業……但因為跳槽時毫無目的，所以最後也常常是毫無作為。

問題究竟出現在哪裡？其實，正是這些人盲目跟風，或沒有理性規劃、一時衝動，不僅替自己的未來帶來很多壓力和困惑，還讓職涯規劃擱淺。因此，在跳槽前，首先要釐清兩個問題：一是跳槽後的工作跟自己的

Lesson 10 職涯規劃──
將業務力轉化為事業資本

職業發展方向相符,自身的優勢能否得到有效施展?二是跳槽是不是離自己規劃的目標更近一步?有了一定肯定的答案後,就要及時追問自己,我具備這些工作需要的技能嗎?這是我決心要進入的那個行業嗎?我還有什麼不足之處需要補充的嗎?如果對以上的問題有了明確的答案,你才會真正清楚你想做什麼,適合做什麼。當然,如果有任何疑問或遲疑的地方,一定要仔細考慮,只有通盤思考,權衡利弊後,你才能越跳越好。

❷ 調整心態,消極時不做任何決定

看看我們周圍,工作毫無幹勁的業務員實在多不勝數,的確,當我們在同一家公司時間久了,難免會對工作失去積極性,且在工作中受點小挫折,同事之間相處不融洽,自己的目標越來越遠等,也會讓業務員產生急躁、煩悶的心情,對自己的工作越發感到不滿,因而認為跳槽才是自己的唯一出路。

其實不然,跳槽失敗者不乏少數,會出現這種情況,有時其實是你的心理在作怪。試想:一個人在心情、工作極其煩悶的時候,受情緒的感染,又怎麼可能做出一些積極、正確的決定呢?可見,若想使自己的決定不出差錯,首先就是要轉換心情、調整心態,待心態平和之後,再決定是否要跳槽也不遲。

成交必殺技

- 調節心情。多聽聽音樂,時間充裕的話,還可以去聽音樂會,看場自己喜歡的電影等,這些都是非常不錯的選擇,不但能放鬆心情,還能為你乏味的生活注入一些活力。

- 養成運動的習慣。運動是消除煩惱最好的方法,經常去健身房、游泳池、

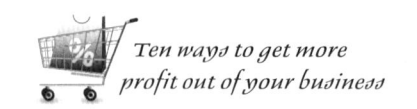

籃球場等，鍛鍊體能的同時，還能恢復你的活力。

- 關注時事新聞。關注電視新聞時，也可以關注一些報紙、雜誌方面的內容，心情轉移的同時，也能達到減壓的效果。

- 做自己感興趣的事。若心情不好，喜歡寫作的那就把鬱悶的心情寫出來吧；如果為了發洩喜歡放聲吶喊，那就找個空曠的場地或海邊，將壞心情吼出來，只有做自己喜歡的事，你才能真正放鬆。

❸ 空杯歸零、不斷學習

　　跳槽的確能讓一部分人真正擺脫工作瓶頸，找到不一樣的人生價值，但也不乏一些失敗者，他們也是為了實現目標，拼命抓住一切可能的機會跳槽，但卻因為過度盲目，跳槽後發現自己不能適應新的工作環境，甚至受不了從零開始的煎熬，以致自己的能力在沒有得到提升的前提下，又繞回原點，業績也大不如以前。於是一味消沉，認為自己的前途暗淡，每天得過且過，渾渾噩噩，對生活、工作也是自暴自棄。

　　跳槽不順，固然值得同情，但人生最重要的不僅是利用好你的優勢，還要懂得從逆境中爬起，在失敗中總結經驗。因此，當你發現自己跳槽失利後，要及時轉換心態，將心態歸零。

　　也許你之前是業務高手，或是已做到非常高的職等，甚至是達到了堪為人師的高度，但那些都成為過去了。現在，你要做的就是為自己樹立好目標，透過學習爭取成為這方面的專家；只有成為行業的專家，你才不會失業。

Lesson *10* 職涯規劃——
將業務力轉化為事業資本

❹ 不要把跳槽當成一種習慣

很多業務員總錯誤地認為只有嘗試不同的工作，累積各行各業的工作經驗，成為「全能型」人才，以後找工作就會更容易，從而把跳槽當成自己累積經驗最有力的武器；其實頻繁跳槽，對每個人的職涯規劃是百害而無一利的。

在職業生涯早期，跳槽可以讓你找到適合自己發展的舞臺，但你也不能跳槽成習慣，否則只會越跳越糟。尤其是經常跳槽的人，即使學習能力很強，也會因為在一個行業時間太短，而無法積聚自己的優勢經驗，成為一個沒有競爭力的人，在職場中也只能勉強糊口，甚至被企業淘汰。

且對於這些頻繁跳槽的人來說，企業也會把他們拒之門外，原因很簡單，既然你在別的企業便有「騎驢找馬」的跳槽習慣，那在我們公司又能待多久呢？我們浪費大量的人力、物力、財力培養了你，但你卻在培養成才之後拍拍屁股走人，勢必對企業造成損失，無法承受。

其實無論做哪一行，都要付出艱辛的努力，只有自己掌握真正的技能，薪水才有調幅的空間。如果工作一陣子後，認為自己需要跳槽，那不妨先問問自己：自己的工作興趣、能力和潛力在哪裡？目前的公司真的不能幫助自己實現夢想嗎？在下一家公司自己就能發展順利嗎？當然，跳槽不是不可以，但一定要徹底想清楚，才能做到有的放矢，成功實現你的人生規劃。

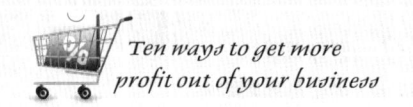

Ten ways to get more profit out of your business

銷售加分題

提升業績的黃金法則

笑容是你最好的名片

親切而自然的微笑，是一張心靈的名片，是業務員不可缺少的東西。一個經常面帶微笑的人，會使他周圍的人心情開朗，受人歡迎，在拜訪客戶時，帶著陽光燦爛的笑臉，能立刻拉近與客戶的距離；介紹產品時，臉上掛著微笑，可以讓你省去很多公式化的介紹和麻煩；與客戶發生爭執時，微笑就像是暖春的陽光，能化解堆積在人們心靈之間的堅冰，從而改變客戶的心情，製造出輕鬆的交談氛圍。且如果你的微笑練到了爐火純青的地步，那麼在遇到刁鑽的客戶時，你也會不自覺給他溫柔但致命的一刀。

真誠而親切的微笑是發自內心的，與長相沒有任何關係，更無須處處掩飾。但如果你想實現成交，僅憑笑臉是遠遠不夠的，還要掌握一定的知識與技巧。當然如果不重視微笑，那你就等於是把客戶推向競爭對手。

動腦拿訂單

銷售不僅是賣產品，在腳勤的同時還要腦勤，成功的業務員往往能在銷售的過程中，充分運用自己的思考能力，發揮出個人的創意，將客戶的「沒有特別需求」轉化為有購買產品的欲望，又同時把客戶對產品的異議化解於無形之中，消除客戶的後顧之憂，成功讓客戶掏錢。所以，業務員要想擁有出色的業績，就要不畏艱難，用心思考，擁有隨機應變的能力，才能創造出銷售佳績。

Lesson 10 職涯規劃——
將業務力轉化為事業資本

愛上你的產品

　　充分了解自己的產品，並試著熱愛它，這樣你才能在為客戶介紹產品時，態度真誠、熱情，且充滿信心。要知道，只有自己對產品充滿信心，客戶才會願意相信你，相信產品能滿足自己的需求，從而樂於購買。除此之外，愛上自己的產品，你才能無畏競爭對手，懷著一顆必勝的決心與競爭者對抗到底。

具備敏銳的洞察力

　　業務員敏銳的洞察力主要表現在對市場、客戶的觀察力。觀察客戶的一言一行，表情、愛好，你才能因地制宜地選擇適合的銷售方式；隨時觀察客戶的反應，揣測客戶的心理變化，隨機應變，投其所好，提高銷售的成交率。當然，你對市場行情要明察秋毫，善於透過現象看本質，才能主動出擊，贏得訂單，而這就必須養成冷靜、細心、嚴謹的邏輯思維習慣。

　　只要善於觀察，生活中處處充滿著成功的機會，對銷售來說，成交的機會往往都降臨在懂得觀察的業務員身上。

維持好與客戶之間的關係

　　客戶是你快速拉高業績最有效的免費資源，所以在產品、服務方面，一定要專業、周到，同時要多提供附加價值給客戶，只有服務超乎預期，才能給客戶受尊重的感覺，增強客戶的信心，從而為你帶來更多客戶，創造更多商機，你的業績自然也會節節高升。

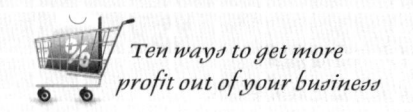

成為客戶眼中的專家

充分了解並掌握產品的特點及相關知識，在客戶提出疑問時，及時解答，並給予有效且正確的答覆，針對客戶本人的建議，贏得客戶的信任，從而讓自己成為客戶心目中的產品專家。這樣，你才能握住銷售的主導權，以個人的氣場來感染客戶，影響客戶做出購買決策，成功拿下訂單。

掌握客戶的需求，站在客戶的立場進行銷售

客戶對產品有需求時，才會購買你的產品，反之，如果客戶對產品沒有需求，就應該想盡一切方法來挖掘出客戶的潛在需求，強行銷售只會引發客戶反感，所以，妥善運用換位思考，站在客戶的角度上，了解客戶到底有無需求；只有真正找到客戶的需求點，你才能把產品順利銷售出去。

將計畫付諸於實踐，讓計畫更有效

業務員的首要任務就是完成自己的銷售目標，開發客戶、銷售產品，要想獲得卓有成效的業績，就必須將自己的計畫全方位地付諸於實踐。如果只停留在「紙上談兵」的階段，這樣你的客戶從哪裡來，業績從哪裡來呢？更別提自己長遠的銷售目標了，一切都將變成希望的肥皂泡。

制定出你的計畫，拿出你的動力，朝著目標有效率地去執行，這樣你才能在不久的將來收穫成功的碩果。

不畏艱難，堅持不懈

業務員常常奔波於開發客戶、拜訪客戶、銷售產品等各個工作環節之

Lesson 10 職涯規劃——
將業務力轉化為事業資本

中,遇到的客戶也是形形色色,這其中難免會吃客戶的閉門羹,遇到很多成交難題,還可能讓你嚐盡失敗的苦頭。但你要知道,銷售產品不可能沒有失敗,對業務員來說,失敗了不要緊,要緊的是能否不畏艱難、堅持不懈,哪怕要持續面對失敗。

成功的業務員總能正視失敗,把失敗當作通往成功道路上的一段小插曲,然後不畏艱難、勇敢向前,最終實現成交,可見,成功總屬於那些堅持不懈的人。

善於學習

隨著市場經濟的飛速發展,小到競爭對手策略的改變,客戶產生新動態,大到社會趨勢的變化,都會對銷售產生不同程度的影響,而且這些因素也會影響到成交狀況。如果業務員不注重充實自己的知識及內涵,面對客戶的疑問解答不上來,那將直接影響到業務員個人的專業形象與銷售業績。為了把這些風險降到最低,就要抱持著「茍日新、日日新、又日新」的精神,不斷透過學習來充實自己,提高自己的績效。

銷售充電站

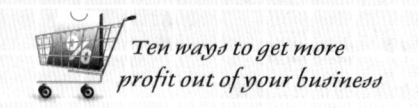

十年，從業務員做到老闆

他，來自一個偏遠的鄉村，從小的夢想就是走出鄉村，在大城市闖蕩出自己的事業，把鄉下的父母接到大城市見見世面，頤養天年。由於家境貧寒，再加上父母年事已高，還要負擔他和妹妹上學的花費，他不忍看到父母肩負那麼重的負擔，所以高中一畢業，他就決定外出掙錢養家。要知道，在鄉下長大沒有任何家庭背景，如果想要出人頭地，取得高學歷是唯一的出路，但對於兒子的決定，父母也無可奈何。

他不向命運屈服，抱著從小的夢想，隻身來到台北，開始「打拚」的生活，後來事實證明，這位不起眼、初生之犢不怕虎的窮孩子，當初的選擇沒有錯，而且他現在還卓有成就。那他是誰呢？他就是知名傢俱公司的老闆──黃木林。

黃木林剛到台北找工作時，由於學歷不高，又沒見過什麼世面，一些公司都以「學歷低」、「無經驗」等理由拒絕錄用他。最後，眼看著自己的錢已經快花完了，工作還是沒有任何著落，無奈之餘，他轉而選擇了門檻較低，不被人看好的業務工作，賣起傢俱等居家用品。

黃木林生活在鄉下，從小就沒使用過這麼好的傢俱，更別談深入了解，但對業務這份工作而言，不了解產品，怎會有人買單呢？剛開始，黃木林並沒有意識到這個問題，常被客戶問得啞口無言，有時甚至被客戶嘲笑淺陋、鄉巴佬等。一次、兩次……多次這樣的現象發生之後，黃木林根本就拿不到任何訂單，慢慢地他開始覺悟：在這個年

Lesson 10　職涯規劃──
將業務力轉化為事業資本

代，知識是硬道理，要想站穩腳，就必須好好充實自己。

　　因此，黃木林利用上下班時間及假日在公司加班，到圖書館借閱相關書籍閱讀，只要有任何不懂的問題，他便請教主管和同事，甚至是比自己年齡小的同事，他都不恥下問。有一次因為在公司加班時間太晚，索性就趴在公司桌上睡了，隔天被早到的主管發現，還得到主管的關心與表揚。雖然在試用期沒拿到半筆訂單，但因為自己的刻苦努力，主管還是多給了他一個月的時間，黃木林相當珍惜，告訴自己一定要拿到訂單不可！

　　果真，自己的努力沒有白費，黃木林就在額外的試用期一連拿到兩筆訂單，讓主管對他更是「另眼相看」。但他並沒有因為拿到訂單就滿足，這離黃木林的夢想還很遙遠，他一邊奮進學習，一邊開發客戶、累積客源，就這樣順利地做了一年，由於勤學好問，業績突出，黃木林被主管提拔為業務主管，使他的信心大增，更賣力工作。

　　但工作了一年後，黃木林漸漸覺得自己力不從心，好像失去了以前的工作熱情與活力，業績也一直處於平穩狀態，沒有任何突破；他認為自己出現瓶頸了，同時意識到公司阻礙了自己的發展，應該另謀出路。但當他向老闆遞交辭呈的時候，竟然被駁回了，還告訴他，並不是公司的原因，而是自己阻礙了向前的腳步。雖然他是個行動力很強的業務員，但知識的累積並不夠，因而缺乏足夠的市場敏銳度，所以希望他能深思熟慮後再決定。

　　於是，黃木林對自己進行了全面的分析，他發現因為自己的學歷不夠，對於一些專業名詞之類的東西，往往都是快速略過，這無疑影響到自己了解並掌握產品的專業度，於是他潛心學習，著重在提升自己的分析預測能力上，積極拓寬思路。經過將近半年的努力，他自修

了很多課程，並取得了相關的認證，業績也是飛速、迅猛地發展；另外，為了勉勵自己取得更好的成績，黃木林還為自己做了一份職涯規劃，刺激自己持續努力，盡早實現夢想。

接下來，在公司的兩年半時間，雖然自己的工作順風順水，職位也得到了很大的提升，但由於公司規模較小，黃木林幾經思考後，還是決定跳槽到另一家知名的外商傢俱公司。

憑著自己五年的經驗，加之企業提供更廣闊的展示空間，黃木林的才能很快顯現了出來，才入職半年左右，自己就一舉拿下十二筆大訂單，深得老總的青睞。面對老總的認可與支持，黃木林絲毫不敢鬆懈，一方面隨時更新整理銷售經驗，另一方面開始學習企業、客戶及員工的管理知識，當然還包括與主管的相處技巧。

就這樣，隨著自己知識層面的拓寬，經驗的深入，經過了幾年的努力，黃木林終於坐上經理的「寶座」。當上管理職之後，黃木林雖然每天都忙得人仰馬翻，但薪水相當優渥，令朋友們羨慕不已，可是黃木林在這裡做了五個年頭之後，便毅然辭掉工作，打算自行創業。

憑藉著自己的經驗與特長，黃木林成立了一家傢俱公司，雖然並不像他想像的那樣輕鬆，公司的大小事令他整天都非常忙碌；但他靠著豐富的人脈、經驗和優秀的決策能力，公司在第三年便開始飛速發展，甚至是在一些大城市開設了分店。如果你也懷抱著自己的夢想，從一名業務員做起，那你能從黃木林的經歷中得到什麼啟示呢？

沒有經驗，缺乏見識、學歷低並不可怕，可怕的是你沒能認識到自己的不足，一味空想而不知努力進取。知識是你提升自己最有力的武器，如果你不注重自己知識經驗的累積，即便你的夢想再遠大，也只是紙上談兵，成就不了大事業。當然，你還必須做好職涯規劃，讓

Lesson 10　職涯規劃──
將業務力轉化為事業資本

你前進的每一步都有價值，使自己與夢想更靠近。

而從一個名不見經傳的小業務員，一步步成為公司主管、外商經理，最後自行創業，成立傢俱公司。

能有這樣驚人的變化，除了努力之外，黃木林還有哪些方面值得我們學習呢？

❶ 知識是實現銷售的前提

俗話說：「活到老，學到老。」無論時代如何發展，市場競爭如何激烈，掌握知識就等於掌握了實現成功的源泉。黃木林剛開始沒有意識到知識的重要性，因而在銷售中屢屢碰壁，甚至是飽受嘲笑，但憑著自身的努力，他為自己贏得了一席之地。

身為一名業務員，介紹產品之前，了解相關的產品知識是關鍵，這樣你才能在遇到刁鑽、自以為是的客戶時，見招拆招，立於不敗之地。除此之外，市場發展競爭激烈，產品的更新替代較快，業務員還要時刻關注新產品及市場的最新動向，為自己的銷售做好充分的準備；當然，作為業務員不可能一直扮演這個角色，你也不會總是滿足於現狀，因此多了解產品知識，學習一些管理技巧，以及與主管同事、客戶的相處技巧，對你的發展大有神益。

❷ 辨別瓶頸真偽，讓跳槽更具價值

當業務員工作不順利，或業績提不上去的時候，就常把跳槽掛在嘴上。案例中的黃木林就曾犯過這樣的錯誤，沒有先進行自我剖析，主觀地認為是公司阻礙了自己的發展。試想，如果黃木林因決策失誤，而失去鍛鍊自己的

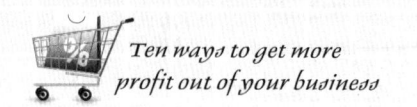

好機會，那也不可能成就出一番事業。

因此，業務員在感到自己的能力受限制，或是認為自己處於瓶頸的時候，一定要先自我反省、自我分析、自我評價；只有找到問題根源，你才能超越自我，順利度過瓶頸期，讓跳槽更有價值。

❸ 認清位置，做好職涯規劃

黃木林雖然在第一家小公司發展良好，業績也很突出，但也是做了五年，經過深思熟慮後才考慮跳槽。同樣地，創業也是在自己的經驗以及知識累積到一定程度下才做出的選擇，最後才成功發展了自己的事業，得以大展宏圖。

千萬不要急於追求自己的銷售業績，以跳槽作為實現成功的跳板，認為跳槽能幫助你盡早實現成功，其實不然，這樣只會讓你得不償失；唯有認清自己的位置，你才知道哪裡還有位置，使自己得到更好的發展。

AI 淘金熱，
你需要最強嚮導與 SUPER 級 專業教練！

近年 AI 技術迅猛發展，從自動化商業決策、智慧行銷到個人化創作，AI 已成為全球企業競逐的關鍵利器。誰能善用 AI，就能在市場競爭中脫穎而出。面對海量的 AI 資訊與工具，該如何真正落地應用？我們為你提供最系統化的 AI 學習課程！

- 別再被鋪天蓋地的 AI 資訊轟炸！你需要的不是零散資訊，而是系統化的學習與實戰經驗，助你穩紮穩打，快速變現！
- 華文網 AI 創新應用變現營——一年 12 梯次，24 天精華課程；二年 24 梯次，48 天完整實戰課程，滾動式調整計費，業界頂級導師親授秘技，讓你從 AI 小白進階為高效變現專家！

加入 AI 變現營，你可以得到：

★ 完整的 AI 知識體系，讓你不僅知其然，更知其所以然，真正掌握 AI 核心技術！
★ 豐富的實戰案例解析，助你將理論落地，立即應用，快速打造變現管道！
★ 與頂尖導師零距離互動，面對面解惑，提升學習效率，不必繞路，直達成功！
★ 中型精英小班教學（30～50 人），營造高效互動環境，讓你與優秀學員共創價值！
★ 參與 AI 創業挑戰賽，爭取創業基金，從零打造屬於自己的事業，實現財富夢想！
　——稅務、法務、行政、管理，我們全程助攻，讓你無後顧之憂，專心變現！

千載難逢的 AI 財富機遇已經到來，現在就報名，讓 AI 為你賺錢，開啟無限可能！

立即掃碼報名

AI 創新應用變現營

2025年
- 07/05（六）～07/06（日）
- 08/23（六）～08/24（日）
- 09/06（六）～09/07（日）
- 10/18（六）～10/19（日）
- 11/01（六）～11/02（日）
- 12/06（六）～12/07（日）

2026年
- 01/10（六）～01/11（日）
- 02/07（六）～02/08（日）
- 03/14（六）～03/15（日）
- 04/11（六）～04/12（日）
- 05/16（六）～05/17（日）
……

📍 上課地點／中和魔法教室　🕒 上課時間／9:30～18:30

★ 7/5 及 11/1 特別場次　📍 上課地點／台北矽谷國際會議中心

一年期 12 梯次 24 天 AI 精華課程，學費優惠價為 49,800 元
二年期 24 梯次 48 天 AI 完整實戰課程，學費優專價為 89,800 元

7/5 和 11/1 下午 13:00～21:00 加碼好康！

★ 免費領取經典 & 暢銷好書
★ 價值 500 元至 200,000 元的好禮福袋全面送（人人有獎）
★ 百萬獎品大摸彩，包括價值 48,000 頂級登機行李箱、德國原裝進口飛騰家電價值十數萬元，全台最頂級的碳鋼爐、手工鍋、鈦金屬頂級鍋、伊詩汀頂級保養套組等

更多詳細資訊請洽 (02) 8245-8318 或上官網　新‧絲‧路‧網‧路‧書‧店 silkbook○com　www.silkbook.com 查詢

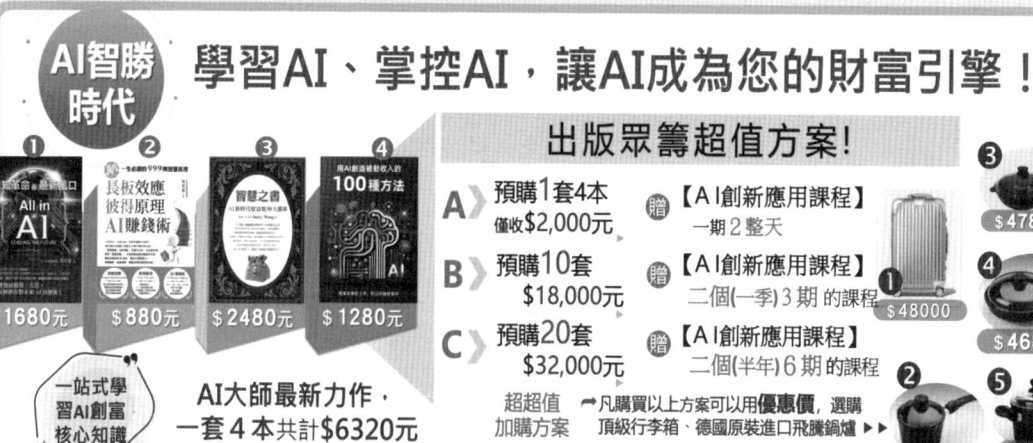

AI智勝時代

學習AI、掌控AI，讓AI成為您的財富引擎！

出版眾籌超值方案！

❶ 認知革命‧最新出口 《ALL in AI》 $1680元
❷ 《長板效應‧彼得原理 AI賺錢術》 $880元
❸ 《智慧之書》 $2480元
❹ 《用AI創造被動收入的100種方法》 $1280元

一站式學習AI創富核心知識

AI大師最新力作，一套4本共計$6320元

A 預購1套4本 僅收$2,000元 ➤ 贈【AI創新應用課程】一期2整天
B 預購10套 $18,000元 贈【AI創新應用課程】二個(一季)3期的課程
C 預購20套 $32,000元 贈【AI創新應用課程】二個(半年)6期的課程

超超值加購方案 ➡ 凡購買以上方案可以用**優惠價**，選購頂級行李箱、德國原裝進口飛騰鍋爐

❸ $47800
❹ $46800
❶ $48000
❷ $45800
❺ $46800

預購四本 AI 實體書 送 AI 實體課程立即上

	☐ 方案 A	☐ 方案 B	☐ 方案 C
眾籌方案	預購四本實體書 ❶《ALL in AI》 ❷《長板效應.彼得原理.AI 賺錢術》 ❸《智慧之書》 ❹《用 AI 創造被動收入的 100 種方法》 **1 套** 🎁 贈 實體課程 【AI 創新應用變現營】 1 期 2 整天 (每月 1 期，每期 2 整天) 上課時間與地點請上新絲路網路書店查詢 www.silkbook.com 原價$6,320 元 **僅收$2000**	預購四本實體書 ❶《ALL in AI》 ❷《長板效應.彼得原理.AI 賺錢術》 ❸《智慧之書》 ❹《用 AI 創造被動收入的 100 種方法》 **10 套** 🎁 贈 實體課程 【AI 創新應用變現營】 3 期(一季)的課程 x 二個名額 (每月 1 期，每期 2 整天) 上課時間與地點請上新絲路網路書店查詢 www.silkbook.com 原價$63,200 元 **僅收$18,000**	預購四本實體書 ❶《ALL in AI》 ❷《長板效應.彼得原理.AI 賺錢術》 ❸《智慧之書》 ❹《用 AI 創造被動收入的 100 種方法》 **20 套** 🎁 贈 實體課程 【AI 創新應用變現營】 6 期(半年)的課程 x 二個名額 (每月 1 期，每期 2 整天) 上課時間與地點請上新絲路網路書店查詢 www.silkbook.com 原價$124,600 元 **僅收$32,000**
超超值加購方案	凡購買以上方案，即可以優惠折扣價，選購以下精品 ☐ ❶ 頂級鋁鎂合金旅行登機行李箱 **1 個**(市價 48,000 元/個) ☐ ❷ 德國純手工打造鈦金屬單把湯鍋 SK-FP8818(市價 45,800) ☐ ❸ 德國原裝飛騰家電純手工打造鈦金屬不沾多功能鍋 SK-FP801MINI (市價 47,800 元) ☐ ❹ 德國純手工打造鈦金屬平煎鍋 SK-FP8824(市價 46,800) ☐ ❺ 德國原裝進口飛騰家電純手工打造鈦金屬頂極鍋 SK822 (市價 46,800 元)		

歡迎上新絲路網路書店線上預購

https://www.silkbook.com/guide/aibook

上:新北市中和區中山路二段 366 巷 10 號 3 樓（捷運環狀線中和站或橋和站，Costco 對面）電話:02-82458318　02-8245878(

國家圖書館出版品預行編目資料

第1名業務養成術:成為業務神人的10大黃金關鍵/楊智翔著. -- 初版. -- 新北市:創見文化, 2025.08
面; 公分. --

ISBN 978-626-405-028-9 (平裝)

1.CST: 銷售 2.CST: 銷售員 3.CST: 職場成功法

496.5　　　　　　　　　　　　　　114006041

第1名業務養成術

創見文化・智慧的銳眼

作者／楊智翔
出版者／創見文化
總顧問／王寶玲
總編輯／歐綾纖
主編／蔡靜怡
美術設計／Maya
台灣出版中心／新北市中和區中山路2段366巷10號10樓
電話／（02）2248-7896　　　　　傳真／（02）2248-7758
ISBN／978-626-405-028-9
出版日期／2025年8月

本書採減碳印製流程，碳足跡追蹤，並使用優質中性紙（Acid & Alkali Free）通過綠色碳中和印刷認證，符合歐盟&東盟環保要求。

全球華文市場總代理／采舍國際有限公司　　新絲路網路書店 www.silkbook.com
地址／新北市中和區中山路2段366巷10號3樓
電話／（02）8245-8786　　　　　傳真／（02）8245-8718

華文自資出版平台
www.book4u.com.tw
elsa@mail.book4u.com.tw
iris@mail.book4u.com.tw

全球最大的華文圖書自費出版中心
專業客製化自資出版・發行通路全國最強！